宝谷カブとその花

宝谷カブは青首の白い長カブで、山形県鶴岡市宝谷の伝統的な焼き畑により100年以上栽培されてきました。かつて宝谷地区の人々のほとんどが漬物で食べたり、煮物にして食べていましたが、現在栽培を続けている農家は一軒のみになってしまいました。

その農家のご主人は高齢になっても、先祖代々伝えられてきた種を絶やしてはならないという思いで栽培を続けてきました。しかし収益にならない宝谷カブを次の世代にバトンタッチするのは容易なことではありません。

2006年、地元の有志が宝谷カブを食べて支えたいと思うメンバーを集めました。伝統的な食べ方とともに、地元レストランの協力も得て和洋の創作料理が披露されました。「こんな宝物を本当に絶やして良いのだろうか」。参加者が一様に抱いた気持ちは、宝谷カブの今後を支える力になるに違いありません。

どこかの畑の片すみで

在来作物はやまがたの文化財

山形在来作物研究会 編

はじめに

山形県にはずいぶん昔から伝わる在来作物がほかの県に比べて数多く現存しています。しかし、それらの栽培は年々少なくなってきています。一九五〇年代まではその地域に受け継がれてきた在来作物が県内各地で栽培されていましたが、一九六〇年代以降になると、これらの在来作物は品種改良された新しい生産性の高い一代雑種（F1）品種に取ってかわられるようになりました。さらに、同じ品種が広い地域で栽培されるようになり、栽培される品種の数は以前に比べて急速に減少していきました。

一九八〇年代になって生活にゆとりが生じると、今度はグルメがブームになって多様な味が求められるようになりました。そのような中で、わたしたちのふるさとに伝わる多様な食文化にも再び関心が払われるようになり、郷土料理などに使われる個性豊かな在来作物が注目されるようになってきました。

野菜の在来品種は伝統野菜と言われることもありますが、伝統野菜の復活の兆しは一九八五年ごろに見られた首都圏を中心にして起こった京野菜ブームであると考えられます。当時さまざまなマスコミがこぞって京野菜に関する話題を取り上げたのです。その結果、京野菜は人気を博してよく売れるようになりました。在来作物が商品としても有望であることが示されたのです。

在来作物の価値はこのような目先の経済性に限られるものではありません。山形大学農学部の教授であった青葉 高氏（故人）が「北国の野菜風土誌」（東北出版企画、一九七六年）や「野菜―在来品種の系譜」（法政大学出版会、一九八一年）の中で述べられているように、在来作物は食用遺伝資源として重要であるばかりでなく、農業技術史や食文化史の分野においても貴重な資料であるといえます。そう、在来作物はさまざまな情報を内に秘めた、まさに生きている文化財なのです。

このように、全国の在来作物はふるさとの食文化を形づくるうえできわめて重要な役割を担ってきたものであり、今後ともその地域の食文化を育み、つぎの世代へと伝えていくためにとても大切な存在です。この点は一九八六年に北イタリアの小さな町から始まったスローフード運動と共通していると思います。

二〇〇三年の春、山形大学農学部の内外で山形県内の在来作物の保全と積極的な利用を進めていく活動を起こすべきだという気運が高まってきました。まもなく結成された研究会設立の準備会を経て、同年十一月三十日には農学部の教員有志が発起人となって、広く地域に開かれた研究会としての山形在来作物研究会（略称／在作研）が発足しました。

在作研の在来作物に関する調査研究は、先に述べた青葉先生の先駆的な業績をベースにして行われています。現在までの調査で、青葉先生の調査時以降絶滅してしまった品種や系統があることや、現時点では小規模な栽培があるものの早晩消滅してしまう恐れのあるものが少なくないことなどが明らかになってきました。

在作研の活動はまもなく五年目を迎えようとしています。わたしたちは、発足当初から県内の在来作物の現況をとりまとめて、広く一般のみなさんにも楽しく読んでもらえるような冊子を公にすることが、今後在来作物を適切に保全し利用していくために必要であろうと考えていました。幸い二〇〇五年の春から山形新聞の夕刊に「やまがた在来作物」を連載することになりました。その連載も早いもので約五十回を数えるようになりました。ちょうどその折、山形大学に出版会が立ち上がることになりました。本書は、仙道富士郎山形大学学長の力強いサポートのもとに企画・編集されたものです。

本書の内容は、在来作物に関する基本的な事項についての解説と、山形新聞に連載された記事を再編集したもののほか、ふるさとの在来作物を積極的に食材に使用しているシェフと在来作物研究者の対談録に加え、付録として山形県の在来作物に関する最新のリストや分布地図、さらに各種の関連情報をつけ加えたものからなっています。本書が読者のみなさんの在来作物に対する理解を深め、ふるさとの食文化を豊かに継承していくことや地域農業、食品関連産業ならびに観光産業などの振興に役立てばこの上なく幸福に思います。

最後になりましたが、在来作物の調査にご協力いただいた数多くの方々、掲載記事の転載許可を快く与えられた山形新聞社の関係各位、さらに、在作研の活動を会の発足当初から温かく見守られ多大なご支援を惜しまれなかった仙道学長に厚くお礼を申しあげます。

二〇〇七年　盛夏

山形在来作物研究会 会長　高樹　英明

目次

装幀・イラスト／大谷 亮
表紙カバー・口絵・扉 写真／東海林晴哉

秋

冬

付録

「どこかの畑の片すみで
―在来作物はやまがたの文化財―」の出版を祝う

このたび、山形大学農学部の先生たちの手になる、「どこかの畑の片すみで―在来作物はやまがたの文化財―」が上梓されることになった。衷心からお祝い申し上げたい。

今回の出版は私にとって、個人的にも、想いに満ちたものである。というのは、以前農学部を訪問した折、山形の在来作物の研究の立ち上げを聞き、その意義の大きさの故に、学長としてなんらかの支援をする必要性を覚えたのが、この研究と私の接点であったからである。

この在来作物の研究は、関係者の努力によって、山形大学にとって大学を代表する重要な取り組みに成長していった。私が一番嬉しかったのは、この在来作物の研究が、農学部の教員だけではなく、庄内の食に関係する人たちの参加を得て、育っていったことである。まさに「地域に根ざした」山形大学の取り組みと言えよう。

いまわが国の大学は、少子化によるユニヴァサルアクセスの問題や経済財政諮問会議等からの「選択と集中」の圧力等、厳しい状況に立たされている。山形大学としてもこの厳しい競争に立ち向かっていかなければならない。

しかし、フォーカスを効率性一点に絞ったいわゆる大学改革のみでは、大学の長期的展望は開けて来ないと思う。地域の伝統や文化を下支えし、それをさらに発展させていく基礎を築く、今回の在来作物の記録のような仕事の意義を私たちはいましっかりと認識しなければなるまい。

平成十九年八月

山形大学学長　仙道富士郎

在来作物についてのお話

「在来作物」という言葉をご存知ですか？
野菜や果物をはじめとするいわばふるさとの作物のこと。
じつは、この作物たち、知れば知るほど、
奥が深〜いんです。ここでは、そんな在来作物の
魅力と大切さについてお話します。

1 在来作物ってなに？

最近、あちらこちらで在来野菜、伝統野菜、地方野菜、特産野菜、ふるさと野菜などの言葉をひんぱんに聞くようになりましたが、この本を手にしてくださったみなさんは、在来作物という言葉を聞いたことがあるでしょうか。

在来作物の定義

実は今のところ、在来作物には学術的にも厳密な定義がありません。あえて説明するとすれば、「ある地域で、世代を越えて、栽培者によって種苗の保存が続けられ、特定の用途に供されてきた作物」くらいになるでしょうか。ここでいう特定の用途には、食用、薬用、繊維、染料、儀礼、観賞などが含まれ、作物には、穀物、果樹、野菜、花などの人の手で栽培される植物が含まれます。

在来作物は在来野菜を含むより広い意味を表す言葉なのです。それらは、親から子へ、子から孫へと、代々にわたり採種（種をとること）の方法、またはさし木や接ぎ木、株分け、さらにはイモの保存方法といった種苗保存のノウハウがその地域や農家で受け継がれてきた作物でもあります。

なお、在来作物のうち、遺伝的な特性が他の品目と明らかに区別できて、栽培がその地域内である程度の広がりを持つときにはそれらを「在来品種」と呼ぶことがあります。

「伝統野菜」とは、在来野菜のうち地方の自治体や生産や流通に関わる人々が栽培地域や栽培暦などに独自の条件を設けてそれらの保存と特産品化をめざす場合にこのように呼

ぶことが多いようです。たとえば、「加賀野菜」と呼ばれる伝統野菜は、「昭和二十（一九四五）年以前から栽培され、現在も主として金沢で栽培されている野菜」と定義されており、十五品目が認定されています。「京の伝統野菜」は、明治以前から京都府内に導入され栽培されてきた、タケノコを含みキノコを除く野菜のことです。現在栽培あるいは保存されているものだけでなく絶滅したものも含むと定義されており、四十一品目（うち二品目は絶滅したもの／二〇〇三年四月現在）が認定されています。

　これらの例からわかるように、伝統野菜は在来野菜の中から、栽培される場所や歴史などの条件にかなう品目が認定されたものであり、在来野菜よりもっと限定された意味で使われることが多いようです。

　一方、「地方野菜」は在来野菜とほぼ同じ意味で使われます。「特産野菜」は在来野菜だけでなく、最近新しく導入した野菜も含めて、栽培する地域や方法を限定することでブランドイメージを打ち出した野菜といえるでしょう。

　これらに対して、「ふるさと野菜」という言葉も最近耳にするようになりました。意味は在来野菜に近いと思われますが、幼いころにふるさとで食べた野菜を彷彿《ほうふつ》とさせるなつかしい野菜といった意味でしょうか。

商業品種との違い

　私たちがふだん八百屋さんやスーパーマーケットなどで買う作物、つまり一般の市場に大量に流通している商業品種と在来作物とはどこが違うのでしょうか。それぞれの特徴を食材であるという観点から大まかにまとめたものが表1-1です。

　商業品種は在来作物に比べて、収量や耐病性、外観や日持ちの点で優れている場合が多く、生産性や流通の効率が高いといえます。また、栽

表 1-1. 作物の商業品種と在来作物の特徴比較（江頭 2007 原表）

	商業品種	在来作物
収穫	多い	少ない
耐病性	強い	強くない
外観・形態のそろい	優れる	よくない
日持ち	よい	よくない
味	くせがなくて万人向け	苦い、辛い、強い香りなどを持つことがあり、個性的
その他	用途を満たすモノ的存在	商業品種と同じモノであると同時に地域固有の知的財産（歴史、文化、栽培や利用などのノウハウ）の媒体である

培や流通、消費に対してより広い地域を想定して品種改良（育種）されていますので、万人が受け入れやすい味を持っています。これに対して、在来作物のなかには苦い、辛い、強い香りといった、人によっては必ずしも好まない個性的な風味を持つものもあります。

在来作物の二面性

このように在来作物には欠点が多いようにも見えますが、商業品種とは決定的に異なっている点があります。それは、空腹を満たし栄養分を供給するという用途を持つ商業品種をモノ的存在と表現すると、在来作物はモノ的な存在であると同時に、歴史や文化、栽培や利用などのノウハウといった、その地域で生きていくのに役立つ、いわば知的財産を過去から未来へと伝えていく媒体になっているという点です。

このことを最初に指摘したのは、元山形大学農学部教授の青葉 高先生（故人）です。青葉先生は昭和二十四（一九四九）年に同学部の前身である山形県立農林専門学校の教員として大阪から赴任し、昭和五十一（同七六）年に千葉大学園芸学部に転出されるまで山形大学農学部で教育・研究を続けておられました。

野菜の生理生態の研究のかたわら、「研究は現場から」をモットーに山形県内をはじめ東北地方の農村を歩き回りながら、農家の人たちから多くのことを学ばれたそうです。地道なフィールドワークの結果、在来品種が商業品種に置き換わりつつあった西日本に比べて東北地方には多くの在来作物が残っていることに気がつかれたのです。

青葉先生は「北国の野菜風土誌」（一九七六年、東北出版企画）や「野菜ー在来品種の系譜」（一九八一年、法政大学出版局）（図1-1）のなかで、在来品種には食料としての

図 1-1. 青葉 高先生の著書

左：「北国の野菜風土誌」（1976 年、東北出版企画）

右：「野菜－在来品種の系譜」（1981 年、法政大学出版局）

価値だけでなく、歴史や文化を知るための文化的価値、いわば「生きた文化財」といえる価値があることを提唱し、それらの保存が急務であると警鐘を鳴らされたのでした。「野菜―在来品種の系譜」のはしがきには、以下のようなことが書かれています。

> 一粒のムギ、一つのカブにも、それらの誕生以来現在までの数千年の歴史が秘められている。とくに在来品種のように古くから伝わってきた作物の形質、それを表現する遺伝因子は、その祖先が何であるかを、祖先の遍歴してきた渡来経路を、その間移り住んだ土地の環境条件の影響を、また人類とのかかわりあいの様相を、保持し伝えている。それらを解読することは、人類生存のため必須な食品としての野菜の重要性を知ることとともに、意味があることと思う。そこで本書では、食品としての野菜の品種という見方と同時に、一つの文化財として野菜の品種を見てゆきたいと思う。

今なぜ在来作物か

今、日本各地で昔なつかしい野菜を家庭菜園でつくって味わいたい、地域の在来作物を見直して大切に保存していきたいと考える人々が増えているようです。なぜ、在来作物にこれほどの関心が集まってきたのでしょうか。

　その理由としては以下の四つほどのことが考えられると思います。

　一つ目は「なつかしくて新しい」という魅力です。年配の人には、在来作物はなつかしい味であり、子ども時代の思い出をよみがえらせ郷愁を誘います。若い世代の人には、在来作物は辛い、苦い、えぐい、かたいなど、普段はあまり体験できない新しい食味体験を提供してくれます。このように、在来作物はわたしたちの五感に直接訴えかける魅力を持っています。

　二つ目は、「個性の時代」が在来作物を求めているということです。自動車などの工業製品にはもちろんのこと、学校や会社、地域のコミュニティなどの組織にも個性とは何かが問われる時代になりました。学校が学生を、会社が顧客を求めて宣伝をするときでも、まず学校や会社の個性やセールスポイントが何であるかを明確にしなければならない世の中になってきたのです。

　たとえば、山形県に来た観光客がいたとします。その人たちがただ名所や旧跡めぐりをするだけでなく、地元ならではの食材であるサクランボやだだちゃ豆などにも出会うことができれば、どれほど旅の思い出が深まり、山形県に対する印象も強いものになるのかは想像に難くありません。つまり、地域の個性を語るものとして在来作物はとても分かりやすい説得力を持っているといえるでしょう。

　三つ目には、多くの人々が「心の交流」を求めはじめたことも追い風になっていると思います。高度経済成長期以降、日本人は経済効率や生産効率など、あらゆることに効率を優先させてきました。しかし、生活が一定の豊かさを達成した今日、お金や効率よりもっと大切なことがあるのではないかと多くの人々が思いはじめているのでしょう。スローフードやスローライフが見直され、生産者と消費者が直接出会うことができる産直施設がにぎわうのもその端的な現れだと思います。

なぜ、在来作物に人々の関心が向くのでしょうか。それは生産効率とは無関係に在来作物を大切にしてきた生産者の「心」を人々が求めているからではないでしょうか。

四つ目は、「地域の食文化」を見直そうという動きが近年全国で活発になってきたことです。地元産の食べ物を地元で食べる、いわゆる地産地消運動もこれを後押ししていると思います。地産地消の推進にはいろいろな意味があります。まず、生産者の顔が見える食材は、輸入農産物などでしばしば問題になるような不安要素がないので安心して食べられ、しかも新鮮です。新鮮さと同時に、地産池消は輸送や貯蔵のエネルギーを節約でき省エネにもつながります。また、地域の食料自給力を高めることになるので、今後将来心配される食料危機への備えにもつながるでしょう。

地産の食べ物にこだわるなら地域の伝統食を見直したい、地域ならではの食材は何かとなったときに、その地域の在来作物に関心が向いてくるというわけです。

この点に関連して、千葉大学園芸学部の赤坂 信教授(風景計画学)は、作物でも野生植物でも、それを食べるということはその地域の環境そのものを食べることだと指摘しています。よく考えてみれば、植物はその地域の水と土と空気、いわば私たちをとりまく環境を取り込んで自らのからだを作っているわけですから、それを口にするというのはその地域の環境を食べていることに他なりません。そう考えると、作物を育てるためにはその地域の水や空気、土をできるだけ健全に保ちたい、そんな意識につながっていくでしょう。

2 変化する在来作物

私たちのふだんの食卓にはさまざまな作物がのぼります。これらの作物のうち、もともと日本にあったものはフキ、ミツバ、ワサビなどごくわずかです。そのほかの大部分の作物は、縄文時代から明治時代までの間に外国から日本にやってきたものです。これらの作物のふるさとは、アジア各地をはじめ、近東、地中海、アフリカ、中南米など、まさに全世界におよんでいます。

在来品種は作物の多様性の源

人類が農業を営むようになったのは今からおよそ一万年前といわれています。作物たちがそれぞれのふるさとから日本にやってくるまでの長い間に、気候条件の異なるさまざまな場所で何度も何度も栽培と採種が繰り返され、まるでバトンリレーのように種子が伝えられてきたのだろうと想像されます。

一般に、作物のふるさとに当たる地域では、その作物の遺伝子の種類が豊かであると考えられています。ただし、わたしたちに有益な特性をもたらす遺伝子や遺伝子型（遺伝子の組合せのこと）を持つものは、人が目的を持って選抜しなければ人の目にふれることはありません。

一般に、種子が代々伝えられる過程で、ふるさとから遠ざかるほどその作物の遺伝子の種類は少なくなります。一方で、突然変異が起きたり、野生種や同じ作物間の交雑が繰り返されたりして作物の遺伝子型に変化が起こると、新しい特性を持った作物が生まれます。人々はそれらのなかから、収量とか味とかさまざまな点でより好ましい特性をもった個体を選んでは種子を残すことを繰り返してきました。このようにしてその地域の気候や人々の嗜好や生活様式に適応した品種が成立し、その結果として、一つの作物に多数の在来品種が誕生したのだと考えられます。

こうして各地に伝えられてきた在来品種には、現在一般的に流通している商業品種と明らかに異なる特徴があります。それは、商業品種はその形態や収穫期、さらに食味などの農業上重要な特性が遺伝的にきちんとそろっているのに対して、在来品種では個体間でばらつきが認められることです。いいかえれば品種特性のまとまり方がかなり緩やかだということです。

在来品種を翌年も栽培するためには、自分の目と手を使って、個体の

選抜と種子の保存を行います。在来品種の個体間に形質のばらつきがあるからこそ、次第に変化していくその地域の環境やその時代の人々の嗜《し》好《こう》にあった遺伝子型をもつ個体を選んでいくことができるのです。

その結果、もとは同じ品種であっても長い年月を経る間に、地域や農家ごとにそれぞれ異なる特性を持った作物へとしだいに変化し、食味や生理生態的な特性が少しずつ異なる新たな系統が生まれてくるのです。後ほど詳しく紹介するだだちゃ豆などはその典型的な例だといえます。

このように自家採種を繰り返す在来品種は作物の多様性の源の一つであると思います。

山形県の在来作物

山形県には現在どれくらいの在来作物があるのでしょうか。足かけ五年間に山形在来作物研究会が確認した数は実に百三十品目以上にのぼります。そのなかには、栽培の歴史が三百年以上になるものも含まれています。個々の品目については付録に最新のリストを収録していますのでごらんください。

これらの在来作物が、県内にどのように分布しているかを図1-2に示しました。ここで「品種」とせずに「品目」としているのは、遺伝的な違いがまだはっきりわかっていないのでそれぞれを「品種」と呼んでいいかどうかわからないからです。呼称や形態が異なるものを便宜上区別するために「品目」としてあります。なお、ひととおりの調査が終わった現在でも、未訪問の農家を訪れるとまた新しい品目が見つかることがありますから、今後さらに品目数は増えるのではないかと予想されます。

よく聞かれることなのですが、この百三十品目という数字が他の地域に比べて多いのかどうかは現時点ではよくわかりません。なぜなら、他

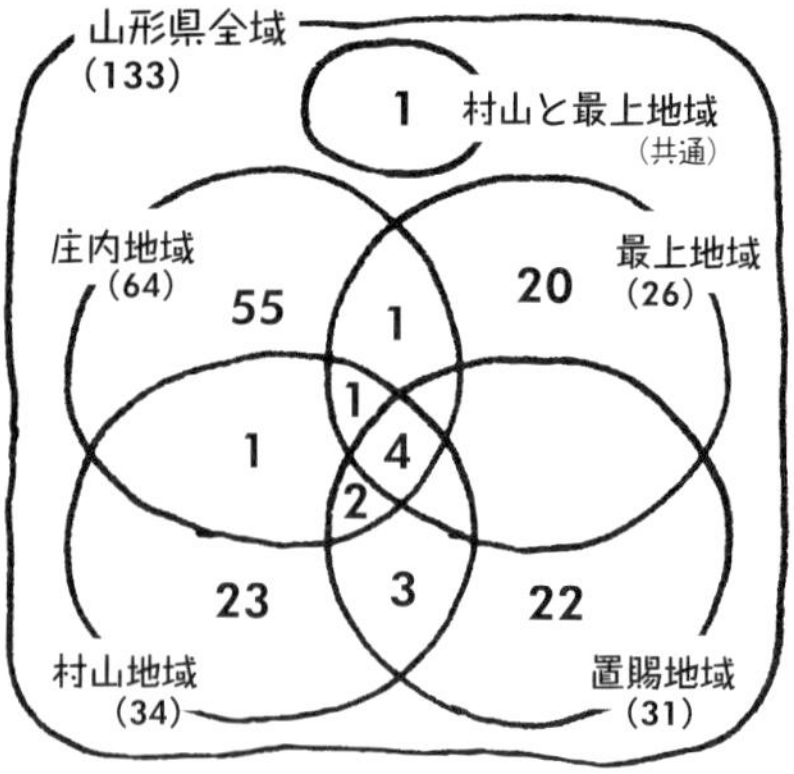

図 1-2. 山形県内の在来作物の地域別品目数
(江頭 2007 原図)

の地域で詳細な調査がなされているとは限らないからです。また、面積なども異なっている他の地域と単純に数だけを比較しても無意味でしょう。

品目数よりも実用的な形質の変異が多様であること、歴史的意義や作物にまつわる興味深い物語が伝えられていること、さらにその作物の栽培や利用（料理や加工）方法などに伝統的な技術や智恵が伝承されているかどうかなど、さまざまな観点から評価することが大切だと思います。そうしなければ、在来作物の本当の価値は見えてこないからです。

とはいうものの、山形県の百三十品目という数が少なくない数であることは確かだと思います。また、県内の各地に比較的まんべんなく分布しているのも興味深い事実といえるでしょう。

山形県に多くの在来作物が残っている理由

なぜ山形県には多くの在来作物が残っているのでしょうか。在来作物を栽培している人々に作り続けているわけを聞くと一番多く返ってくる答えは「美味しいから」です。子どもの頃から慣れ親しんできた味だからなくしたくないというのです。

これはまず自分自身が食べ続けたいということですが、家族や孫にも食べさせてあげたいという意味も含んでいると思います。孫に「おじいちゃんの作ったカブはおいしいから来年もまたつくってね」と言われれば、「来年もまた作るか」ということになるのでしょう。また、だだちゃ豆には領主や隣人に喜んでもらいたいために熱心に作り続けたという逸話もあります。精魂込めて作った美味しいものを大切な人におすそ分けして喜んでもらいたい、そういう気持ちが在来作物を作り続ける一番大きな原動力になっているのだろうと思います。

つぎに多いのは、「先祖代々伝えられてきた種子を自分の代では絶やしたくない。せめて自分が生きているうちは作り続けたい」という答えです。

もう一つの答えは、「季節感を味わいたいから」というものです。庄内地方では、たとえば五月は孟宗（モウソウチクの筍）や月山筍（ネマガリタケの筍）、六月はサクランボ、七月は民田ナス、外内島キュウリや酒田キュウリ、八月はだだちゃ豆といったように、地元産の食材で月暦を作ることができるくらい、旬の食べ物が続々と登場します。ある食材の旬が来ると食べずにはいられないという食習慣ができあがっているといえるのかもしれません。

さらに考えられる理由として、日々の食べ物を何とか確保して生きようという努力がつい最近まで行われていたこともあげられるかもしれません。たとえば、最上川に沿った中山間地域には現在も多くの在来のカブが栽培されています。県内の在来カブの分布については後で詳しく紹介しますが、元禄十（一六九七）年以降二〇〇年にわたって発刊され続け、全国に大きな影響を与えた「農業全書」（農文協、日本農書全集第十二巻、一九七八）には、カブは飢《き》饉《きん》のとき、他の野菜と異なってどんなに多く長期間食べ続けても健康を害することがなく、まして穀物を加えて食べればどれだけ助けになるか計りしれない、という意味のことが紹介されています。

　カブは、播種から収穫までの期間が短く、イネの豊作不作の見通しがつくお盆過ぎからでも種を播くと、約一か月で間引き菜を食べることができ、二か月後にはもう収穫することができます。また、山形県のような多雪地帯では冬期間漬物にしたり雪の下に保存することで、翌春までの食料を確保することもできます。

　お盆以降急に気温が下がり、栽培できる作物が限られる山形県では、生育期間の短いカブやソバが重宝され冬場の食料を支えていたと考えられます。

　そのほかにも、タンパク質源となる味噌を仕込むためのダイズや、春先のまだ山菜がとれない季節にビタミン不足を解消できる茎立ち菜の仲間（チヂミ菜や紫折菜など）は、どれも厳しい自然と向き合って生きていくうえで必要不可欠な品目であったと思います。冬期間の食料を確保する努力が比較的最近まで続けられてきた結果として、山形県内にはじつに多様な在来作物が残っているという見方もできるのではないでしょうか。

多様性はなぜ大切か

　一九九二年、ブラジルのリオ・デ・ジャネイロで国連主催の地球サミットが開催されました。そこで生物多様性条約の調印式が行われたのをきっかけに、世界中の一般の人が生物の多様性に関心を持つようになりました。その後二〇〇六年二月までに日本を含む世界一八八カ国とECがこの条約を批准しました。

　条約の前文には、「締約国は、生物の多様性が有する内在的な価値並びに生物の多様性及びその構成要素が有する生態学上、遺伝上、社会上、経済上、科学上、教育上、文化上、レクリエーション上及び芸術上の価値を意識し、生物の多様性が進化及び生物圏における生命保持の機構の維持のため重要であることを意識し、…（以下省略）…」（環境省自然環境局生物多様性センターのホームページから引用）とうたわれています。

　条約にうたわれる生物には野生生物だけでなく、農業や林業に用いられる動植物や在来作物ももちろん含まれます。今や、生物の多様性が人類の生存を支え人類にさまざまな恵みをもたらす価値をもつのだということは、世界の共通認識になっているといえるでしょう。

総合地球環境学研究所の佐藤洋一郎教授（植物遺伝学）は「生物多様性はなぜ大切か？」（二〇〇五年、日高敏隆編、昭和堂）という著書の中で、米の品種の多様性について以下のように述べています。

> 日本列島にあったコメの品種の総数は明治中ごろには四千品種を超えていた。ところが、いまでは一六〇品種ほどしかない。しかも全水田面積の約四割をコシヒカリというひとつの品種が占めている。そればかりか、作付面積の七割を上位五品種だけで占めている。しかも、これら五品種はコシヒカリの子か兄弟親戚のような品種である。現代日本の米は遺伝的にみてその多様性を著しく失っている。

戦前はコメを作るにしても現在使われているような農薬はまだありませんでした。なぜ昔は農薬がなくても栽培ができ、食料を確保しつづけることができたのでしょうか。そのことは、先に述べた在来品種が品種内に遺伝的な多様性を内在していることと密接に関連しているのではないかと思います。たとえば、あるイネ品種が栽培されている田んぼで一つの個体がいもち病にかかったとします。在来品種のように品種内の個体間に多様な遺伝的変異があると、それらのなかにはいもち病菌に強い個体が混在していることがあるので一度に全滅してしまうことはありません。しかし、現代の品種のように品種内の遺伝的多様性が著しく小さいと、一つの個体がいもち病にかかるとあっという間に全個体に病害が広がってしまうのです。一九世紀にアイルランドで一〇〇万人以上の餓死者を出したジャガイモの疫病による被害も当時栽培されていたジャガイモの遺伝的な多様性が小さかったためと考えられています。このように、多様性の小さな集団はどうしても農薬散布などの手段をつかって作物を保護してやる必要がでてくるのです。

効率と価値観

現代の作物品種は、最小限の手間とコストで最大限の品質を得て市場価値が高まるように、草丈や播種から収穫までの日数、耐病性、日持ち、食味などのさまざまな遺伝的特性が斉一《せいいつ》で、品種内の遺伝的な多様性もできる限り小さくなるようにつくられています。そうすることによって機械化栽培が容易になり、収穫物のサイズや品質の違いを分別する労力も大幅に軽減されるからです。

しかし、そのことと引き換えに、化石エネルギーや農薬に大きく依存せざるをえない栽培体系が生み出され、環境に対して大きな負荷をかけ続けていることも事実です。いいかえれば、現在わたしたちは、わたしたちをとりまく環境や自分自身の健康をよりよく保つことを犠牲にしながら生産や経済の効率を高めているともいえます。

在来品種のような多様性を含んだ作物を栽培することで、経済効率を多少犠牲にしても環境を今よりも健全に保ち、人間がより持続的に生活していこうという視点に立った取り組みも必要であると思います。

地域の活性化と多様性保持のバランス

在来作物を特産品化して地域の活性化の切り札にしたいと多くの人々が考えています。しかし、特産品化する品種を少数に限定して、大量生産をしてしまうのは問題です。なぜ問題かというと、農家の畑の片隅で細々と維持されてきた品種や系統のうち、特産品候補に選ばれなかったものはその後栽培されなくなり、種子も絶えてしまうことになる可能性が高いからです。

在来作物を地域の活性化に利用するのがよくないといっているのではありません。むしろ、その地域の歴史や文化と密接に関わってきた在来作物を地域産業の活性化の目玉としてアピールしながら日本の地方文化を再び豊かにしていくことは大切だと思います。

ただし、そのときにぜひとも注意したいことは、選ばれなかった在来品種もきちんと保全し、少しずつでもいいからそれらの種子を残す努力を続けることです。

地方自治体やいろいろな研究機関、幼稚園や保育園、小学校、中学校、高校、大学といった教育機関、市民農園や家庭菜園などでも在来作物を手分けして楽しみながら栽培し、自家採種を繰り返しながら保存できるような仕組みをつくり、各自治体がその状況に常に目配りできるようなシステムを作りたいものです。そうすることによって、それぞれの地域の在来作物の遺伝的多様性が維持され、気候や環境の変化、さらには後述するような時代の価値観の変化にも対応できる地域の潜在力を高めることができるのではないでしょうか。この「地域潜在力」は今後地域発展の最も重要なキーワードの一つになると思います。

3 収集や保存が必要なわけ

価値観は時代とともに変化します。戦時中や終戦直後の日本は極度の食料難に見舞われていました。終戦後はコメの増産が国家的な重要課題になりました。コメを十分に食べることがこのうえない幸せであると思えたこの時代には多収性が最も重要でした。ところが、昭和三十年代ころからはコメがしだいに余るようになり、今度は食味の方がより重要になってきました。

価値観の変化

価値観は今後どのように変化していくのでしょうか。世界の人口増加、石油の採掘量の減少や価格の高騰《こうとう》などによって、近い将来日本でも再び多収性を重視する時代が訪れる可能性もあります。価値観が変化するのはコメだけではありません。野菜や果物、雑穀《ざっこく》類に至るまで、時代とともに価値観は変化し、求められる食材の品質や作物の特性は今後も移り変わっていくと考えられます。

一度絶えると永久に失われる

作物は不要になったからといって一度その種子を絶やしてしまうと、その後はどんなに高度なバイオテクノロジーを使っても二度と同じものを作り出すことはできません。だからこそ、価値観の変化とともに移り変わっていく品種とは別に、いろいろな品種を時代を超えて保存しておく必要があるのです。しかも、地域潜在力を高めるためにはできるだけ多様な品種を残しておくことが望ましいといえます。

在来作物が失われるときには、商業品種が消えるときとは異なる大きな損失がともないます。それは代々伝えられてきた知的財産もいっしょに失われてしまうからです。なぜこの地域にその在来作物が伝わったのか。なぜそこに定着したのか。種をとるときは、どのような個体から、いつ、どのような方法で採るのか。種子はどのように保存し、どのくらいの期間保存可能なのか。種まきの適期はいつか。栽培管理のポイントはなにか。収穫期はいつか。美味しく食べる調理法はなにか、などなど……。たった一つの在来作物にも膨《ぼう》大《だい》な量の情報が詰まっていることがよくわかります。このような在来作物はいったん消失すると、言い伝えだけでその在来品種の特性や存在の事実を生き生きと伝え続けていくことはきわめて困難です。そこに現物があるからこそ、知的財産ともいうべき在来作物をめぐるさまざまな情報を次の世代へと確実に伝えていくことができるのだと思います。

知的財産

さて、ここで山形県の在来作物たちをあらためてながめてみると、「生きた文化財」であると青葉先生が形容した言葉の意味がよくわかります。

山形県は多雪寒冷地です。十数種類以上ある県内の在来カブたちはすべて、シベリアや中国の東北部のような北方から伝わってきたと考えられる西洋カブの仲間です。それらのカブの栽培や保存方法や食べ方などを調べていると、石油や農薬がない時代に人々がどのように生きていたのかというとても重要なノウハウを含んだ知的財産が密かに埋もれていることがわかります。

一方、日本海に面する庄内地方には古くから栽培されてきたカラトリイモ（地元ではズイキ、ズキイモ、カラドリなどと呼ぶこともあります）という南方由来のサトイモがあります。カラトリイモが南方由来であるといえるのは染色体（生物の細胞の中で遺伝子を納めている器官のことで、種によって数が決まっています）の数が熱帯性のサトイモと同じ二倍体種であるからです。寒冷地である庄内地方でも、その栽培方法は現在の中国の南部や台湾、沖縄地方などの亜熱帯地方で栽培される方法とほぼ同様で、湛水《たんすい》条件（田んぼに水が張られている状態）での栽培が続けられているのです。享保《きょうほ》二十（一七三五）年の古文書には、カラトリイモのことを別名「たうのいも（唐芋）」と呼んでいたことも記載されています。

これらのことは何を意味しているのでしょうか。おそらく、中国の南部から日本の西南暖地に栽培方法

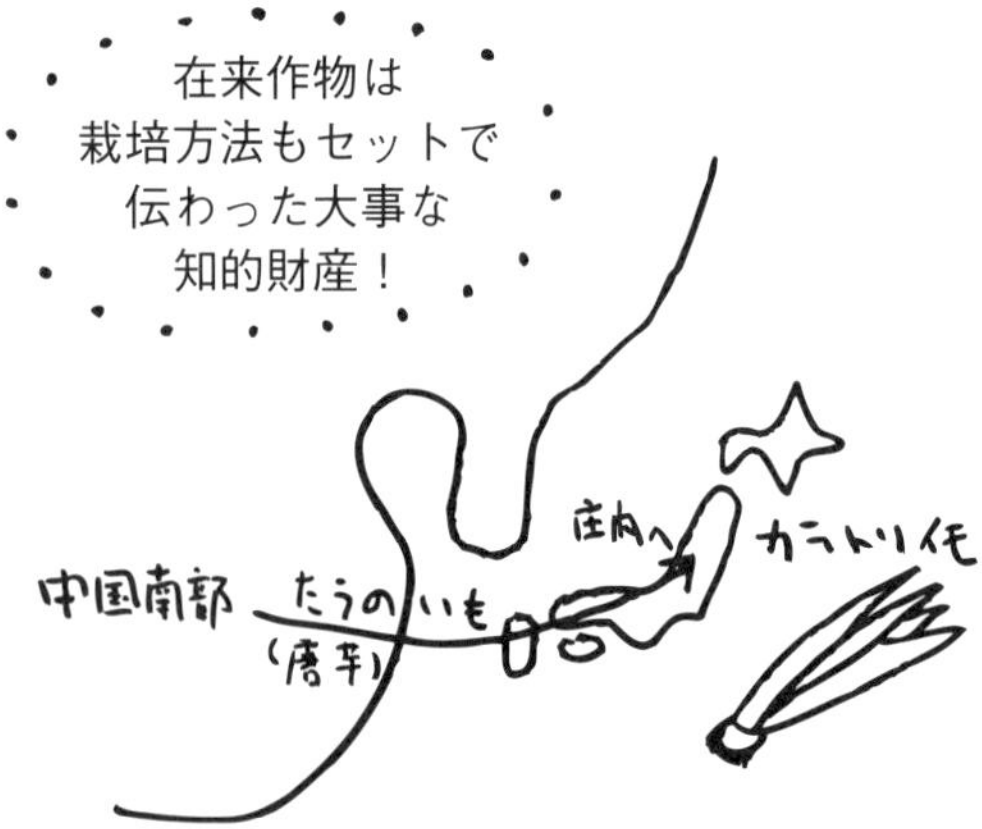
在来作物は
栽培方法もセットで
伝わった大事な
知的財産！
中国南部
たうのいも
(唐芋)
庄内へ
カラトリイモ

とセットで伝わったサトイモがとうのいもとよばれるようになり、それが日本を北上して庄内地方に伝わってきたのではないでしょうか。カラトリイモは今は庄内地方でも普通畑での栽培が増えていますが、湛水栽培にこだわる農家もまだ多くあります。どうして湛水栽培にこだわるのかとたずねると、カラトリイモ本来のねっとりした食感と甘味が出るからという答えが返ってきます。このことから、日本を北上したときに栽培方法がセットになって伝わってきた理由の一つはイモの味にあるのではないかという仮説を立てることができます。

　このように、カラトリイモは大陸からさまざまな作物が伝播してきた経路の一つを物語る生きた証拠であるといえます。歴史学や民俗学、さらに遺伝学や農学といったさまざまな視点からその来歴をさぐることができるかっこうの研究対象であるような気がします。ちょっと大げさにいえば、東アジアの重要な文化財的な価値がある作物だといえるかもしれません。庄内地方で現在も伝統的な栽培や利用が続けられているという事実は決して見逃されるべきではないと思います。

在来作物存続の危機

　先に山形県には現在も百三十種類以上の在来作物の品目が存在していると述べました。しかし、青葉先生の「北国の野菜風土誌」のなかに記載されたすべての在来野菜について最近調査しなおしたところ、三十年前に七十五品目あったものが、現在は約半分の三十三品目になっているという事実が判明しました。品目数がこれだけ減った大きな原因として、商業品種に比べて日持ちや品質のそろいがよくないので市場から敬遠されがちなことや、生産性や収益性が低いことなどが考えられます。

　在来作物についての聞き取り調査をしながら栽培に携わっている人々に年齢をたずねるのですが、ほとんどの方が七十歳以上です。このまま後継者が現れなければ、あと十年くらいのうちにほとんどの在来作物は失われてしまう可能性がきわめて高いのです。

　多くの在来作物たちは今、そのような危機にさらされています。在来作物と、それらとともに伝え継がれてきた地域固有の知的財産を保存していくために、今こそ、早急に、なんらかの手だてを考えなければなりません。

4 地域の食文化と在来作物

つぎに、このような在来作物たちが、これまでどのようにして地域の食文化に貢献してきたのか、また現存しているのか、さらに今後将来貢献する可能性があるのかについて考えてみることにします。

在来作物の地域性

これまでお話ししてきたように、在来作物は本当に多種多様なのですが（山形県内に分布する具体的な在来作物については「やまがた在来作物事典」と付録のリストを参照）、そのうちの一つの種類が栽培されたり、利用されたりしているのはごく限られた地域であるのがふつうです。となりの集落にいくと、同じ種類の作物であってももはや形や性質が少し違っていて、

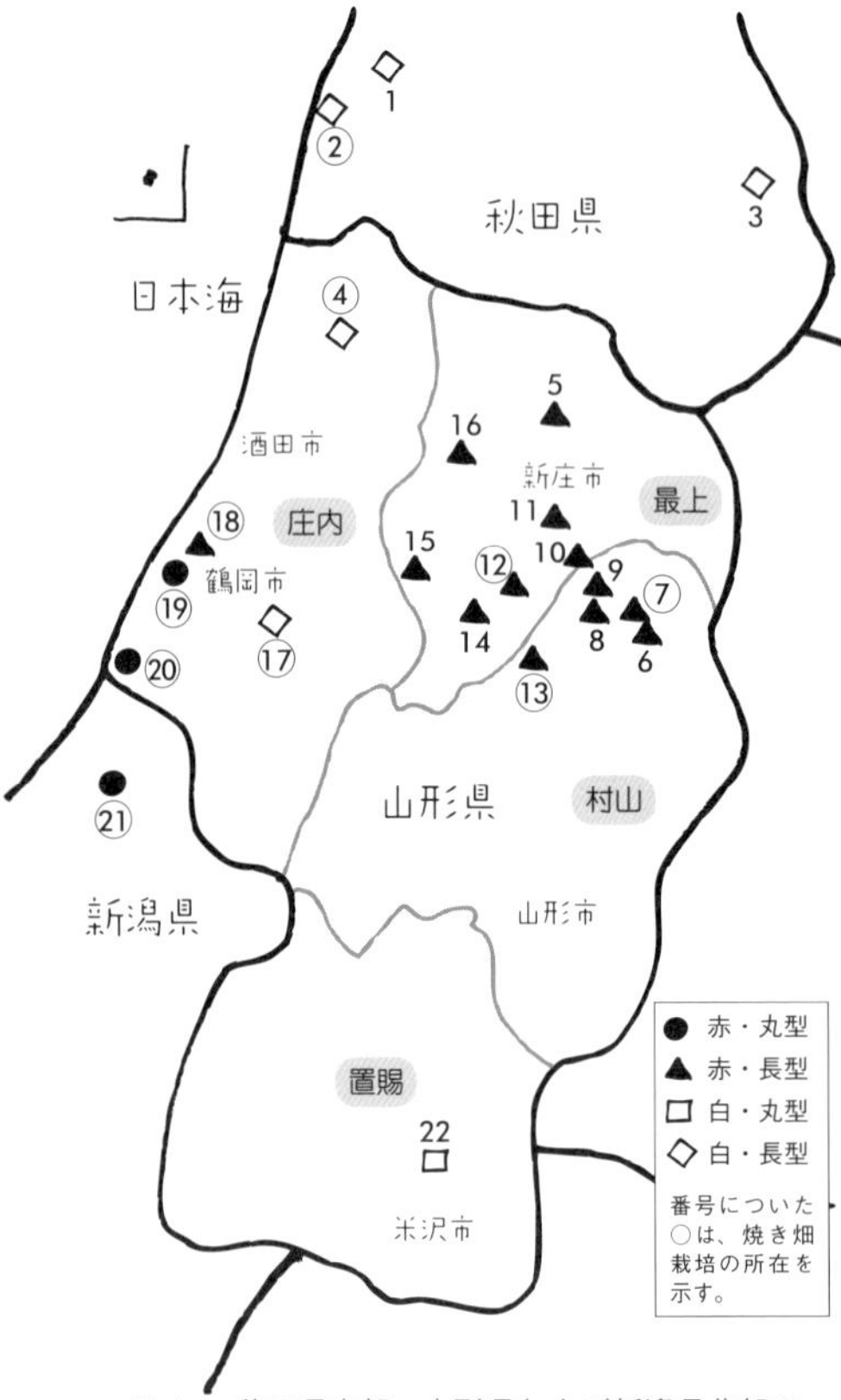

図 4-1. 秋田県南部、山形県および新潟県北部の在来カブの分布と焼き畑栽培の所在
（江頭 2007※1 より作成）

1. カナカブ（秋田県由利本荘市）
2. カノカブ（秋田県にかほ市）
3. 平良カブ（秋田県東成瀬村）
4. 升田のカナカブ（山形県酒田市八幡地区）
5. 吉田カブ（山形県金山町）
6. 岩谷沢カブ（山形県尾花沢市）
7. 牛房野《ごぼうの》カブ（山形県尾花沢市）
8. 寺内カブ（山形県尾花沢市）
9. 南沢カブ（山形県尾花沢市）
10. 長尾カブ（山形県舟形町）
11. 最上カブ（山形県新庄市）
12. 西又カブ（山形県舟形町）
13. 次年子《じねんご》カブ（山形県大石田町）
14. 肘折カブ（山形県大蔵村）
15. 角川カブ（山形県戸沢村）
16. 曲川《まがりかわ》カブ（山形県鮭川村）
17. 宝谷《ほうや》カブ（山形県鶴岡市櫛引地区）
18. 藤沢カブ（山形県鶴岡市）
19. 田川カブ（山形県鶴岡市）
20. 温海《あつみ》カブ（山形県鶴岡市温海地区）
21. 温海カブ（新潟県山北町）
22. 遠山カブ（山形県米沢市）

呼び名なども異なっていることがあります。

　歴史のある旧家などでは、先祖の名前や屋号などが作物の名称の一部になっているような場合があったり、たった一軒の家だけで代々にわたって栽培され続けてきた系統などが見つかることもあります。

山形県の在来カブ

　具体的な例を見てみることにします。図4-1は、山形県とその周辺の地域に現存している在来カブの分布を示したものです。

　赤いカブや白いカブ、丸いカブや長いカブと、じつに二十種類以上の在来のカブたちが分布していることがわかります。とくに、山形県の北東部に位置する最上地方には、赤くて長いカブたちが点々と、かなり多くの種類が分布しています。

　これらのなかには、本当に細々と、数軒以下の農家のみによって守り続けてこられたものも少なくありません。たった一軒の農家だけでその存在が維持されてきたものさえあります。

在来カブの焼き畑栽培

　図のなかにある数字に○がついた地域では、その規模にはかなりの差がありますが、現在でも焼き畑栽培が行われています。山林から出る不要な枝葉や雑草を燃やしたときにできる灰をおもな肥料にする伝統的な栽培形態（農法）です。

　山形県の日本海側にある鶴岡市の温海地区では、今もややまとまった規模で焼き畑による温海カブの栽培が行われています。最上・村山地方にも焼き畑栽培が見られますが、規模はごく小さなものがほとんどです。

　これらの在来カブのうちいくつかについては、それらの来歴や栽培の状況、加工や利用の様子が第二部に詳しく紹介されていますのでごらんください。

　ここでは、これらのカブのおもな食べかたであるカブ汁と漬け物への利用について注目してみます。

さまざまな利用方法

　図4-2は、山形県内の各地域で在来カブをどのように調理して食べているのかを、いろいろな資料の記載事項や現地での聞き取り調査の結果をもとにしてまとめたものです。

　まず、みそなどを使用して汁ものにして食べる方法です。脂ののった鮭やくじら、体があたたまるショウガを入れることもあります。この方法はかなり一般的と見えてほぼ全地域で行われています。ただし、不思議なことに最上地方の一部の地域ではほとんど認められません。そのかわりに、同地域ではふすべ漬け（短時間の熱湯処理を行うことによってカブ独特の辛味を引き出す方法）にして利用されることが多かったようです。一方、糠《ぬか》漬けは日本海側の温海地区付近に限られた利用方法といえそうです。

このようなカブの利用方法の違いは、必ずしもそれらの在来カブの系統や品種の違い、つまり、カブの性質や特性などに直接対応したものではないようです。しかし、このように食べかたがかなり多様であるということと、在来カブの種類（系統や品種）が多様であることとは決して無関係ではないと考えられます。昔は今よりもっとたくさんの種類のカブが栽培されていた可能性が高いだろうということを考えると、それらの食べかたや利用方法は現在よりもいっそう多様であっただろうと想像されます。

多様である理由

前の項でも少しふれましたが、山形県にはどうしてこのようにたく

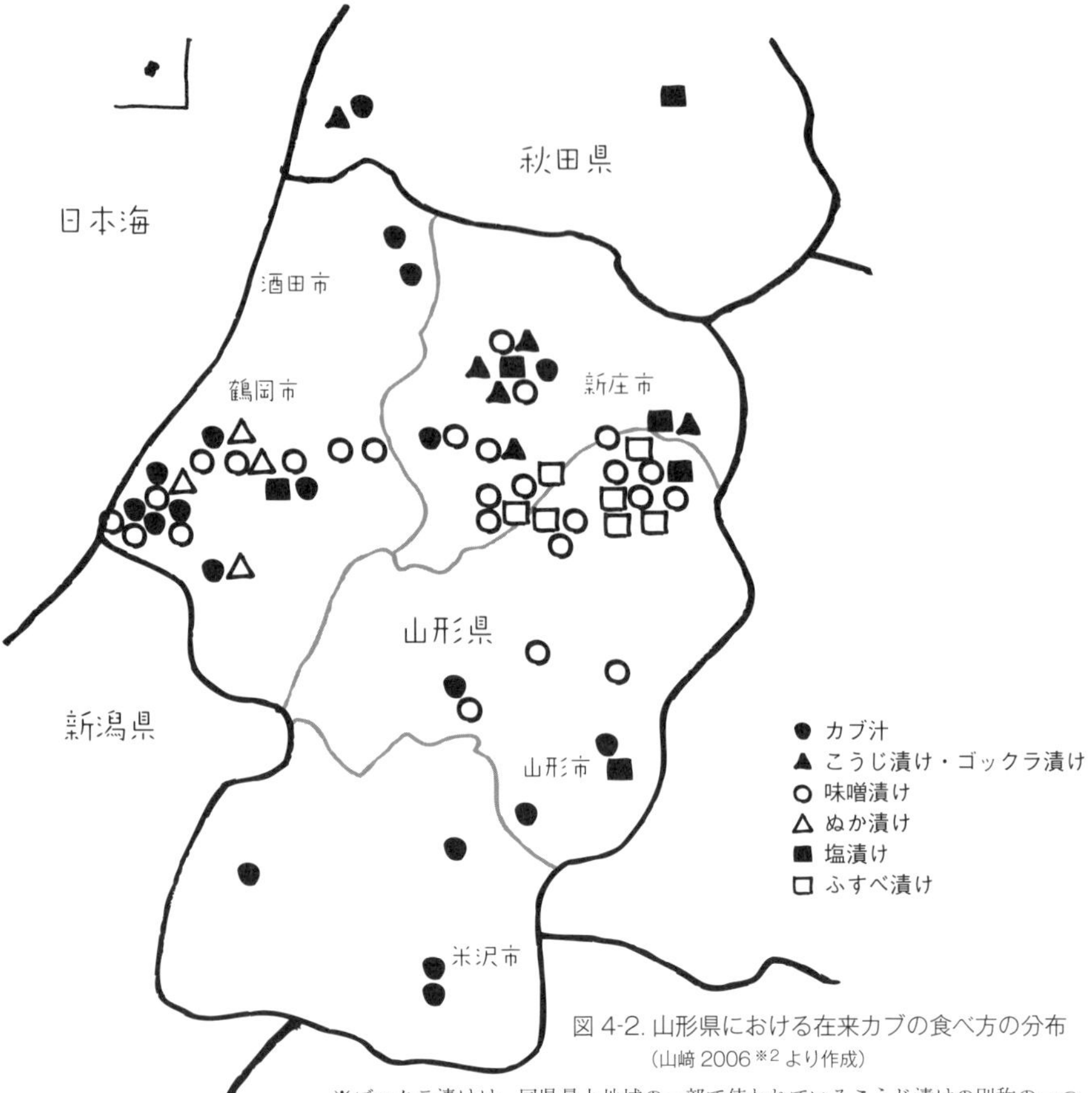

図 4-2. 山形県における在来カブの食べ方の分布
（山﨑 2006※2 より作成）

※ゴックラ漬けは、同県最上地域の一部で使われているこうじ漬けの別称の一つ。
ふすべ漬けは、熱湯処理をして辛味を引き出した浅漬けの一種。

さんの種類の在来カブがある（あった）のでしょうか。この問いにはいろいろな答えかたができると思いますが、まず一番に考えられることは、寒冷で中山間地域の多い山形県では主食であるコメの栽培が困難な時代が長かったことではないでしょうか。

　コメを栽培しにくい、水の便が悪いところや土地のやせた地域でも、水はけさえよければなんとか作ることができる作物としてカブやソバなどが選ばれたのだろうと推察できます。その地域の気象条件に適応して、かつあまり土の良否を選ばないカブを作ることで、昔の人々は飢餓《きが》を回避してきたのでしょう（西又カブの項一二〇頁参照）。

　このようにカブたちは、人々がまだその日その日の食料の確保に懸命だった時代に多様な分化をとげ、さまざまな食べかたや利用方法が開発されていったのだと考えられます。現在まで伝えられている品種や系統は、もしかするとその当時の一部だけになっているのかもしれません。

鶴岡のだだちゃ豆

　もう一つ具体的な例をあげてみましょう。庄内地方（おもに鶴岡市）の特産品の一つであるだだちゃ豆の場合です。

　だだちゃ豆というのは、同地方で百年以上も前から今日に至るまで、ずっと作り続けられてきた在来のエダマメの総称です。その名前の由来や来歴などについては後述のだだちゃ豆の項（八六頁）にゆずることにして、ここでは鶴岡の人々のだだちゃ豆の楽しみかたとバラエティ豊かなだだちゃ豆たちの姿を紹介することにします。

　二〇〇一（平成十三）年の夏のことだったと思います。大手ビール会社のＣＭにはじめてだだちゃ豆が登場しました。

　そのＣＭでは、本当に美味しそうにビールを飲む女優の中山美穂さんがすごく魅力的でしたが、それ以来、だだちゃ豆はしだいにブレイクしました。どんどん有名になって、あれよあれよという間に日本全国にその名を知られるようになりました。

　現在、関東地方の市場などを中心に出回っているだだちゃ豆は白山系と呼ばれるものに人気が集中するので、だだちゃ豆といえば白山ダダチャであると思っている人も多いと思います。しかし、じつはそうではないのです。

だだちゃ豆の多様性

　山形在来作物研究会が行った最新の調査によれば、鶴岡のだだちゃ豆とその近縁のエダマメにはなんと二十種類以上の系統が現存しています。そう、だだちゃ豆はじつはグループ名なのです。

　表４-１はそれらをまとめて示したものです。この表には、ほぼ同じ

時期に播種した場合、収穫時期がいつごろになるかということが表示されています。

一番早く食べごろを迎える、ごく早生系統の舞台《ぶで》ダダチャの収穫時期は七月の終りごろです。また、一番遅いごく晩生系統の彼岸青《ひがんあお》は九月下旬の収穫です。両者の収穫時期の間に約二か月の差があることにまずおどろきますが、さらにおどろくべきことには、その二か月の間ほとんどとぎれることなく、ほかの何らかの系統のだだちゃ豆が次々に収穫時期を迎えるのです。

つまり、鶴岡の人々は夏の間、少なくとも二か月間、ずーっと続けてだだちゃ豆を味わい続けることができるのです。知ってか知らずかはわかりませんが、鶴岡の人々はだだちゃ豆の系統の選抜を繰り返すうちに、ごく早生からごく晩生まで、じつに二か月間以上収穫期の違うだだちゃ豆たちを自らの手で生み出してしまったのです。

表 4-1. さまざまな系統のだだちゃ豆を、山形県鶴岡市で 5 月上旬に播種（種まき）したときの収穫期
（江頭 2007 を一部改変）

系統（7月末・8月上旬・8月中旬・8月下旬・9月上旬・9月中旬・9月下旬）	収穫期
舞台ダダチャ	7/29～8/3
早生甘露	8/1～2
早生白山 *	8/3～5#
小真木 *	8/4～8
庄内 1 号 *	8/4～11
香茶豆	8/9～14
甘露 *	8/10～14#
庄内 2 号	8/11～16
庄内 3 号 *	8/17～19
白山ダダチャ *	8/17～21
庄内 5 号 *	8/20～21
平田 *	8/20～23
金峰ダダチャ	8/20～24
紫ダダチャ	8/21～25
細谷	8/22～24#
晩生甘露 *	8/22～24#
外内島ダダチャ	8/24～26
庄内 4 号	8/25～31
晩生白山	8/26～9/1
晩ダダチャ	8/28～9/1
晩生ダダチャ	8/31～9/1
庄内 7 号	8/31～9/2
尾浦 *	8/31～9/4#
中楯晩生	9/3～7
茶屋豆	9/9～11#
彼岸青	9/20～24

* は鶴岡市内で商標上「だだちゃ豆」と呼ばれる系統
（莢の図）は 5 月 10 日（ただし # は 5 月 1 日）に播種したときの収穫期

もちろん、今も昔も、たった一軒の農家がこれだけ多数の系統のすべてを栽培しているということはほとんどないと思います。しかし、お互いに自慢の収穫物を持ち寄ったり、交換したりして、この地域の人々がさまざまな系統のだだちゃ豆の味を楽しんできた様子が目に浮かぶようです。

だだちゃ豆の食味

もう一つ忘れてはならないこと。それは、これらのだだちゃ豆たちの味が決して同じではないことです。系統ごとにそれぞれ少しずつ違う色や姿（形態）をしているのと同時に、それぞれが個性的な味や香りを持っているのです。

ほぼ同じ性質を持つ系統を時期をずらして収穫するだけなら、播種時期を変えたり、ビニルハウスなどの施設をうまく利用すれば、二か月間程度の収穫時期の違いを生み出すことはそれほど難しいことではないでしょう。しかし、だだちゃ豆グループの場合はそうではありません。それぞれの系統がそれぞれ異なる個性を持っていますから、異なる味や香りを楽しむことができるのです。

うま味と成分含量

ここで、図4-3を見てください。少し難解な図かもしれませんが、この図はだだちゃ豆の系統間の食味の違いを表わしています。

y軸（縦軸）には、エダマメのうま味に関連が深い成分として遊離アミノ酸の含量をとってあります。一方、x軸（横軸）には、やはりエダマメのおいしさに対して重要な役割を果たしている甘味の指標としてスクロース（ショ糖）の含量をとってあります。

図のなかに多数ある点（シンボル）は、その一つずつが異なる系統を表わしています。系統名をいちい

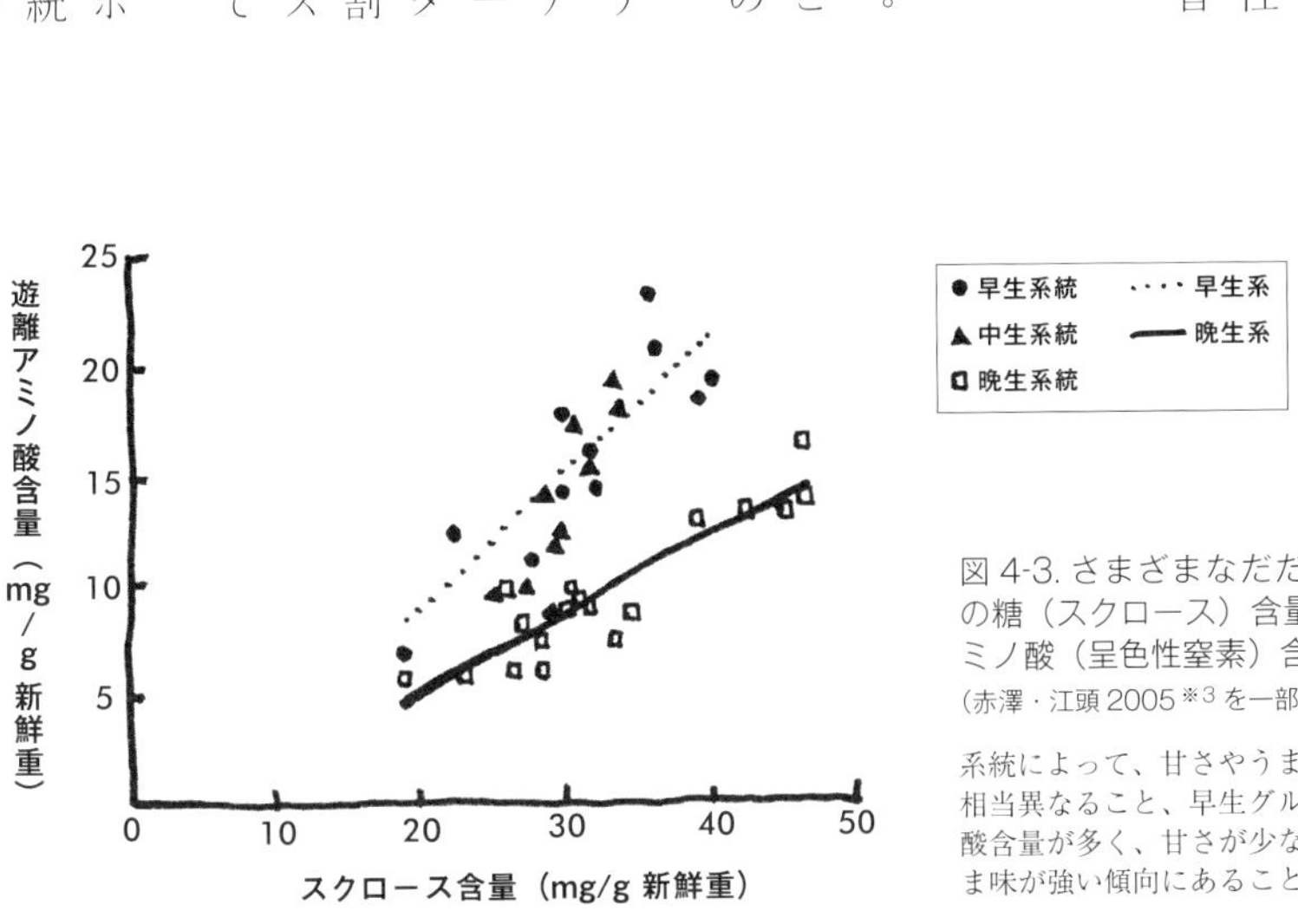

図 4-3. さまざまなだだちゃ豆系統の糖（スクロース）含量と、遊離アミノ酸（呈色性窒素）含量

（赤澤・江頭 2005※3 を一部改変）

系統によって、甘さやうま味の成分量が相当異なること、早生グループはアミノ酸含量が多く、甘さが少ないものでもうま味が強い傾向にあることがわかる。

ち詳しく表示していませんが、●は早生系統グループを、▲は中生系統グループを、□は晩生系統グループのだだちゃ豆たちです。

この図から、まずだだちゃ豆は各系統間で甘さやうま味に関連する成分の量が相当異なっていること、つまり、それらの食味の間にはかなり大きな違いがあることがわかります。さらに、早生グループのだだちゃ豆は晩生グループのものよりも糖含量に比べてアミノ酸含量が多い傾向があり、甘さのわりにはうま味が強い傾向があることなどもわかります。

豊かな食文化

話が少し細かくなりすぎたかもしれません。結局何がいいたかったかといいますと、このように多数の系統のだだちゃ豆がおもに農家の人々自らの手によって選抜され、今日まで作り続けてこられたということは、この地域独自の食文化の豊かさを端的に示す証拠であるということができるだろうということです。

また別の見かたをすると、その独自の豊かな食文化を長く守り続けて来ることができたのは、この地域に生き続けてだだちゃ豆を作り続けてきた人々のおかげであり、さらにいえば、その人々に大切に見守られ、育てられてきた在来作物たちのおかげであるともいえるのではないでしょうか。

生きている文化財

ここまでにお話してきたような在来カブやだだちゃ豆の姿を見ていると、これらの在来作物はもはやたんなる食材ではないようにも思えてきます。その素朴な姿の背後にはまちがいなく、それらがそこに生まれ育ってきた歴史や、選抜にたずさわってきた人々との長くて深い関わり、さらに栽培のかんどころや利用や加工方法のノウハウなど、じつにさまざまな情報が密かにかつ静かにかくされているのです。そういう意味で在来作物は、まさに、「生きている文化財」であるといえるでしょう。

文化財は先の世代から今の世代に受け継いでこそ、また、さらにつぎの世代へと守り継いでこそ、その存在価値が発揮されるものであるといえます。わたしたちは、いったいどのようにすれば、このようなかけがえのない生きている文化財を、現代の社会に、また未来の社会へと生かし続けていくことができるのでしょうか。

参考文献

※1　江頭宏昌（二〇〇七）「山形県の在来カブ―焼畑がカブの生育と品質に及ぼす効果」季刊東北学第十一号、一〇六〜一一六頁。

※2　山﨑彩香（二〇〇六）「山形県の在来カブの特性と来歴」山形大学大学院農学研究科修士論文。

※3　赤澤經也・江頭宏昌（二〇〇五）「エダマメ品種の解説②ダダチャ豆」エダマメ研究第3巻。二一〜一〇頁。

5 在来作物の生かしかた

ここでは、在来作物たちのさまざまな可能性について考えてみたいと思います。わたしたちは、地域の文化財であり宝物でもある在来作物を日々の暮らしのなかでどのように活用していくことができるでしょうか。

遺伝資源と食文化

まず第一に、在来作物はふつうの作物に比べるとやや特別な存在ではありますが、作物であることには変わりありません。ですから、作物本来の役割、つまりわたしたちの「食生活を支える食材」の一つとして大切であることはいうまでもありません。

また、在来作物の一番の特徴は何といってもその種類の多様性です。地域ごとに異なる気候や環境条件に適応したさまざまな種類や系統が長年にわたって選抜されながら今日に至っているということを考えると、それらがその地域独自の食文化を形成する重要な要素になっているケースがかなり多いと考えられます。また、このような植物遺伝資源としての多様性は、育種（品種改良）を行う際のかけがえのない素材として今後よりいっそうその重要性を増していくことでしょう。

地域農業の活性化

つぎに取りあげたいことは、「地域農業の活性化」への貢献の可能性です。

繰り返しになりますが、多くの在来作物たちはきわめてローカルな存在であり、ふつうは栽培される地域も限られています。採種作業にしても栽培者自らが行っているケースが多いので、つねに目（あるいは、手）の届くところにある食材であるということができます。そういう存在ですから自ずと、現代社会が今強く求めている安全で安心な食材となる可能性が高いといえます。

また、大量生産しにくい品目である反面、その地域の気象条件や土壌条件によく適応していて、減農薬や減化学肥料条件下でも栽培しやすい可能性も持っているという特徴もあります。このことを有利に生かせば、現在注目されている環境保全型農業のモデル作物としても有力ではないでしょうか。最近全国各地に増加している産直（産地直送）施設の出品品目の一つとしても決して欠かせない存在になることでしょう。

世代間交流

三番目は、前の二つとはちょっと異なった「世代間の交流」という視点です。

ご存じのとおり、在来作物の栽培や利用方法に一番詳しい方は、多くの場合その地域のお年寄りやかなり年配の人達です。核家族化が進む現代社会では、都市に限らず農村でも世代間の断絶が叫ばれるようになって久しいですが、お年寄りと子供たち、あるいは農村居住者と都市居住者との交流の仲立ちをしてくれるもの（装置）として、在来作物はとても有効であると考えられます。

年配の方々は、若い世代の人達からパソコンや携帯電話の使いかたを教わるかわりに、在来作物の名前の由来や歴史、栽培や利用方法を伝授してあげるのです。お互いが得意なところを教えあうことで世代間の交流が盛んになると、その地域が生き生きとしてくることはまちがいありません。在来作物は地域のコミュニティの再生にも一役買える十分な潜在能力を持っていると思います。ユニークでおいしい食べものを求める心は、世代も性別も、国境だって越えて、わたしたちに共通なのですから。

食農教育と食育

四番目は前のこととも関連しますが、「食農教育や食育への貢献」です。

在来作物たちを現代から未来へと守り伝えていくためには、つぎの世代を生きる子供たちへの引継ぎがきわめて重要な問題です。つぎの時代をになう子供たちが、在来作物たちの存在価値や魅力をよく理解して、自発的にそれらの保全に取り組んでくれなければ、おそらくそれらの未来は明るくないと考えられるからです。

そのためには、最近とくに、その重要性が話題にのぼることが多くなってきている食農教育あるいは食育の対象や教材としての利用が期待されます。また、在来作物は、近年とくに小学校で熱心に実施されている総合学習のテーマとしてもふさわしいのではないでしょうか。なんといっても、その地域にそれらに詳しい先達がいっぱいおられるわけですから、先生探しに困ることはありません。

　また、食育の観点からいえば、子どもたちの味覚が発達する時期にタイミングよく舌の味蕾を刺激し開花させるという意味で、味にくせの少ない商業品種ばかりでなく、たまには在来作物が持つ苦いとか辛いといった味も体験させることが必要ではないでしょうか。

新産業への利用

最後に五番目として、「さまざまな産業への利用」という側面です。

　在来作物の多くはその栽培や利用に長い歴史を有しており、そういう意味では昔からある古い作物です。しかし、いくら古いといっても、それらをまだ味わったことがない人にとってはむしろまったく新しいものであるというとらえかたが可能です。そのように考えれば、多くの在来作物は、若者たちにとって、古いけれどむしろ新しい食材でしょう。

　そういう見方からすれば、在来作物を材料にした、これまでとはまったく違った新しい発想の調理方法の開発や、これまでにない加工品の開発などは、新しいビジネスチャンスを生む可能性があります。今、全国各地でちょっとしたブームになっている地域ブランドの創出などに結びついていくこともあるかもしれません。また、お土産好きの日本人にとっては、観光旅行の際の新しいお土産の定番へと成長していく可能性もあります。

ツーリズムへの利用

　さらにもう一つつけ加えるとすれば、「観光産業への活用」があげられるのではないでしょうか。グリーンツーリズムやアグリツーリズムのメニューへの取り込みです。

　四季折々の旬の食材の生産の現場に、ツアーに参加した人々が実際に足を運び、自らの目で実物を見つつ、生産者と直接交流することができるのです。そのうえで、新鮮でかつ安全な、ふるさとの味を安心して味わうことができます。そういうことをおもな目的にする旅は今後はきっと人気を増していくことでしょう。

　ここまでにお話してきました在来作物の役割と生かしかたについて、図5-1にまとめてみました。読者のみなさんのなかには、もっとすばらしい生かしかたに気がつかれる方がいるかもしれませんね。

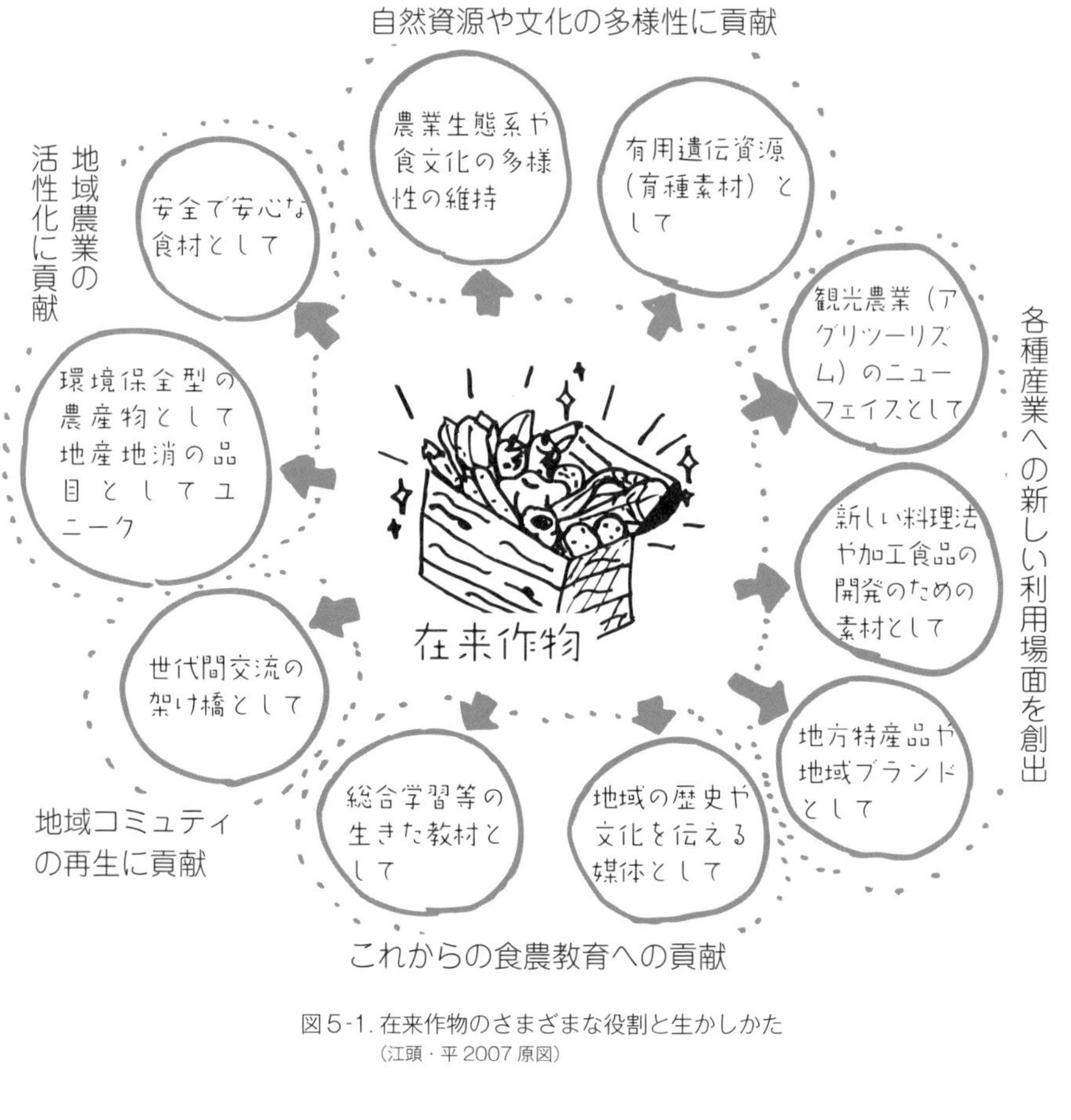

図5-1. 在来作物のさまざまな役割と生かしかた
（江頭・平 2007 原図）

ふるさとを「食の都」に

特別対談

奥田政行（アル・ケッチァーノオーナーシェフ）×江頭宏昌（山形大学農学部准教授）

奥田政行さんは、今や知る人ぞ知る新進気鋭のイタリアン料理人。
スローフード協会イタリア本部主催の「テッラ・マードレ 2006」で、
世界の料理人 1000 人（日本からは 11 人）にも選出されました。
一方の江頭宏昌さんは北九州市生まれの庄内人。現在、山形大学農学部の准教授として、
だだちゃ豆や在来カブ、焼き畑の研究に日夜奔走しています。
親友の二人に、出会いから在来作物たちに託す夢までを熱く語っていただきました。

司会／平　智（山形大学農学部教授）

親交のきっかけは在来作物

平　最初に、在来作物との出会い、そしてお二人の出会いについて教えてください。

江頭　私は九州、福岡県の生まれで、大学は関西でした。ずっと西の方で生活してきたのですが、平成二年に、庄内地方の鶴岡市にある山形大学農学部の助手として赴任してきたんです。稲の品種改良をずっと研究していたので、きたばかりの頃は、亀の尾とか民間育種の話を聞きたい、見たいという気持ちが強かったんですが、庄内で暮らすようになって半年ぐらいの夏ですかね。ある食べ物と出会って衝撃を受けました。それが「だだちゃ豆」です。いままで食べたことのない味と香りが忘れられませんでしたね。それから冬になると、温海カブの漬物を食べて、それにまた感激したり…。いつかこういう作物を自分が研究できるようになったらいいなあと思っていました。

奥田　私も在来作物と初めて出会ったのは、小さい頃に食べた温海カブの甘酢漬けです。その頃は普通の野菜だと思っていました。ただ、東京で修業するようになって、「鶴岡にすごい豆があるらしいじゃないか」といろいろな人から言われて、普通に食べていた枝豆がほんとはすごかった、ということがわかったんですけども（笑）。

その後地元に就職して、料理人をやっている時に、民田ナスや温海カブなど、いろんな野菜を食べたのですが、全然ピンとこなかった。でも、江頭さんと出会い変わりました。江頭さんが持ってくる在来野菜は本当においしい。いままで食べていたのは、流通している在来野菜で、江頭さんが持ってきてくれた野菜は、いい生産者を捜して、自分で採りに行き、持ってきてくれたものだった。

いろんな在来野菜を食べたのですが、全然ピンとこなかった。
でも、江頭さんと出会い変わりました。（奥田）

その時に、在来作物はとても素晴らしい可能性があるのではないかと思いました。江頭さんと在来作物に興味が出始めたんですね。

平　江頭さん自身にもですか（笑）。

奥田　その前から知り合いだったんですけれど。

江頭　それまであまり奥田さんと親しく話したことはなかったんです。お客さんとしては食べに来ていましたが。ある時、奥田さんが僕のテーブルに来て、ちょっとお話する機会があったんです。その時に、なぜここにレストランを開いたのか、どういう思いで、東京からここに来たのかと尋ねたら、もっと地元の食材の良さを知ってもらいたくて、ここでレストランを開いたと。それなら僕も実は、山形県内の在来作物、野菜の研究をこれから始めようと思っているんだと。ぜひ、そういう食材を奥田さんも使ってみたらいいんじゃないかなといったのが最初だったんです。二〇〇一年頃の秋だったでしょうか。そうこうしているうちに、翌年、地元のコミュニティ雑誌の連載の話が舞い込んできて。それからは、奥田さんとしょっちゅう在来作物を作っている農家に出かけていって、話を聞いて、由来なり、作り方を聞いて、奥田さんは食材を持ち帰って新しい料理を考えるということが始まりました。一番最初は、カラトリイモでしたよね。

奥田　そうそう、顔見知りでしたが、友達になったのは数年前からですね。実は、江頭さんと在来作物の話をしていたときに、幻の野菜の話になって、かつて「※宝谷《ほうや》カブ」というカブがあったんだけれど、えらくうまかったらしいですよと言ったら、江頭さんがもう絶滅しちゃったらしいというんです。そのときにすごく食べたいと思って。江頭さんと

※宝谷は鶴岡市櫛引地区にある集落名

ある時、奥田さんが僕のテーブルに来て、
ちょっとお話する機会があったんです。（江頭）

食べたい、食べたいと念じたら、その日の夕方にやってきちゃったんですよ、宝谷カブの糠漬けが（笑）。これは運命的な出会いですよね。不思議な使命感を感じて、「私は料理を作りますから、江頭さんは私のわからないことをどんどん教えてください。在来作物には私も興味がありますから」と言って、二人で意気投合して、仲間意識みたいなものが芽生えたのを覚えています。

在来作物の魅力

奥田　在来作物は、一筋縄ではいかない野菜です。それだけに、既存の調理法ではない組合せをすると、突然ものすごくファンタスティックな料理に変わる。たとえば、カブのすり流しやカブのサラダといった、従来のカブ料理を温海カブで代用してもおいしくない。温海カブと対話をして、この子は何を言いたいのかを感じて、そこから自分なりに考えてポンと出た料理が、もう、いままでにない料理なんです。世界に一つだけの料理になる。それを、江頭さんに食べさせたときに、「ワオー」というのが快感ですね（笑）。そこで江頭さんが周りの人にいろんな話を始める。その瞬間がたまらないんです。

　在来作物には、ここにしかない味がある、そして、自分が作ることで周りの人を幸せにできるという喜びがある。これが魅力だなと思っています。

江頭　奥田さんがいつも言っていますよね。在来作物は、流通している野菜と違って、やんちゃな野菜だって。

奥田　いま流通している野菜はマヨネーズに合う野菜なんですね。ところが在来野菜は合わないんです。だから自分で新しい調理法、使い方をしていかなければならない。そういう魅力がある。もう一つは、一〇〇年も前から種が蒔かれ、地域の気候に順応してきたのであまり農薬がいらない。安全で体にいい、安心して使える魅力があります。

江頭　マヨネーズに合うということをもっと具体的に言うと、流通している野菜は、甘くて瑞々しくて、きわだった特長はないけれど、ドレッシングなどの調味料に従順な野菜といえると思います。在来野菜はもっと「辛い」「苦い」とか「独特な青臭み」があるとか、普通子どもたちが嫌がるような味なんです。奥田さんはそれをどのように調理しているんですか？

奥田　その独特な癖はその野菜の特長だと思うのですが、普通の料理人はそれを消してしまうんです。それをおとなしくさせようとする。そのいいところ、癖を最大限に出してあ

在来作物は一筋縄ではいかない、やんちゃな野菜。
それだけに突然ものすごくファンタスティックな料理に変わる。（奥田）

げようというやり方です。

江頭　特長をあえて浮き彫りにするということですか?

奥田　そうです。料理は、対比と同化です。癖のある所をわざと強調させて、そのほかの味を同化させる。温海カブだったら、一番の癖は歯応えと辛味です。ここを強調させて、甘味のところは同じ甘味の食材をもってくる。そうすると、第一印象と第二印象の味がドーンと突き抜けるんです。残りの食材の味、つまり第三印象と第四印象の味を同化させるという作業です。

江頭　奥田さんの料理って、食材の持ち味が食べたときにすごくよくわかるんです。そういう秘密があるんですね。

平　江頭さんにとって在来作物の魅力とは何ですか?

江頭　在来作物を研究のまな板にのせると、非常に間口が広いんです。もちろん、一般に流通している野菜のようにお腹を満たしたり、栄養分をもっていたり、作物としての性質をもっているので、そういうものとしての研究対象にもできます。もう一つ、一般流通野菜と違うのはその野菜がいつ、誰によって、どんなふうに持ち込まれて大事にされてきたのか、その地域の人々がどんなときに食べてきたか、といったことを調べれば地域の歴史や文化が分かることです。さらに栽培の方法、焼き畑でカブをつくるとか、雪の中で雪菜をつくるとか、その地域ならではの伝統的な栽培方法とともに在来作物は伝えられてきました。そうしたことをひっくるめて知的財産といっても僕はいいと思うのだけれど、いろんな知的財産がセットになった作物である、というところが魅力だと思うんです。

だから在来作物を研究しようとしたら、栄養学的な成分、遺伝学的に見た特性といった研究はもちろんですが、それだけではなくてその地域の歴史や文化も併せた研究ができる。つまり、作物からその地域の人々の営みが見えてくる。そのような研究が展開できるというのはとてもダイナミックで面白いと思います。

私が幸せだと思うのは、通常は大学の研究者であればそういったことを調べて論文や報告書に書いたらそれで終わりなんですね。ところが奥田さんが近くにいてくださるから違うんです。在来作物はどのように食べられてきたかと言うと、漬物か、味噌や醤油で煮るといった伝統的な料理でしか食べられてきませんでした。それだけではなかなか次の世代の人が食べつないでくれない、興味を持ってくれないという側面もあるし、私がいくら何か記事に書いて在来作物の重要性を訴えたとしてもあまり説得力がないんですね。でも奥田さんの所に在来作物を持ち込んで

研究のまな板にのせると、非常に間口が広い。
文化・歴史などの知的財産がセットになった作物。（江頭）

「新しい料理を考えてみてください」と言うと、ポンとすごい料理が出てくる。うれしいですね。それで在来作物がまた新しい命を吹き返していると思うんです。

平　在来作物というのはマイナーな作物なので他にあまり研究者がいません。競争相手がいないから自分のやりたいことからうまく組み立てて研究ができるという所は研究者としては魅力的かなあと思います。

江頭　そうですね。最初は、十年、二十年かけて自分のライフワークとしてゆっくりやろうと思っていたら、そうは問屋がおろしてくれなかった（笑）。在来作物はいろんな所で大事なんじゃないかと言われ始めて、西日本でも東日本でもいろんな地域でどんなものがあるのか調査して、よければ地域の特産品にしようという動きが、ここ数年間加速しています。山形においてもそれがものすごい勢いで展開してきて、私も忙しくなってしまって、当初のもくろみはまったく外れました。

奥田　あんまり人が扱わない食材というのは料理人としても魅力ですね。料理業界でも料理方法とかすべて科学的なデータができていまして、実は今いきづまりの状態なんです。料理は新しいものができないだろうという。アスパラで料理をするといえば、みんなこういう料理をする、と決まっているような。ところが、在来野菜では味の冒険ができる。人と違ったことをやっても、その野菜を誰も知らないから評価のしようがない。これが他の知られている野菜でやったら「おまえは料理人としてダメだ」と言われるかもしれない。ところが在来野菜を使うと、既存の調理法と違う、料理界のタブーといわれていることに挑戦できる。それが面白いんです。

あんまり人が扱わない食材は、
料理人としても魅力ですね。（奥田）

奥田政行　おくだ・まさゆき

1969年鶴岡市生まれ、新潟県山北町育ち。鶴商学園高（現鶴岡東高）卒。東京で料理修業。ホテルと農家レストランの料理長を務め2000年、櫛引町（現鶴岡市）に「アル・ケッチァーノ」をオープン。山形県夢未来山形食育推進本部本部員、庄内総合支庁の「食の都庄内」親善大使。

食の都の創造

平　江頭さんの最新の調査によると、山形県内には在来作物が一三〇数種類くらいあります。これは、名実ともに山形は在来作物の宝庫であると言えると思うのですが、たとえば世界の食の都といえばイタリア、フランスがあげられますね。食材が豊富にあるからそこで豊かな食生活、食文化が生まれるという考え方をした場合、在来作物は一つの重要な素材になります。山形を食の都にするということを夢みた場合、奥田さんはイタリアをはじめとする世界を見つつ、自分のふるさとを食の都にしようと考えているわけで。この地域の特長をどんなふうに生かしていけば、その夢が実現に近づくとお考えですか？

奥田　世界のいろんな所に行ってきましたけれど、まず明らかに思ったことは、ひいき目ではなく、山形、庄内の野菜はおいしいと。空気を肌で感じて、土の状態を見て、こちらの方が自然がいきいきとしているのを感じます。イタリアは十字軍の食料補給地だったんです。ずっと食料を送り続けてきた所なので、土がとても疲れている。あらゆる所で木が伐採されていて。そういうことを見たとき山形はすごいなと感じたんです。日本の食の都である京都、大阪、富山もありますが、みんな食材が偏っているか、食材が集まってくる所なんですね。

　自分の故郷である庄内を考えたときに、すべての自然があり、四季が日本で一番はっきりしていて、必ず季節ごとに食材の横綱、大関、関脇、小結がフルラインナップなんです。春夏秋冬に必ず在来作物が顔を出している。しかも食材のことがわからないときには、山大に電話までできてしまう。教授たちはうちの店に来て料理が食べられる。生産者の方も

江頭宏昌　えがしら・ひろあき

1964年福岡県生まれ。京都大学大学院農学研究科修士課程修了。専門は植物遺伝資源学。著書に「植物遺伝育種学実験法」（共著）など。山形大学農学部准教授、エダマメ研究会幹事、山形在来作物研究会幹事。

奥田さんの料理で、
在来作物がまた新しい命を
吹き返していると思うんです。（江頭）

「奥田さん、これ料理してください」という人と人とのつながりがあって、しかもお金が掛からない。もし他の地域だったら「これを研究してください」というのであれば、研究費を払わなければならないかもしれないけれど。その代わりに、こちらは料理で返せるという素晴らしい循環ができているんです。

去年の十月にスローフードの世界大会に行きましたが、スローフード協会長が言ったのは「これからの料理人は知識人や生産者とよりよくつながりなさい」ということでした。料理人と知識人と生産者がつながることで地域を元気にする最初の核になります。それがやがて自分たち地域の他の業種の方ともつながっていって、その地域がよくなっていく。人間が元気になり、その地域の生態系がよくなっていけば、地球環境のすべてが整っていくといわれました。だから「今日ここにいる千人のシェフたちは自分の国に帰って、明日からでも知識人や生産者とつながりなさい」という大号令をかけたんです。その時、私は庄内はもうできているなあと思いました。みんながつながっていて、とてもいい状態になっていると思いました。

平　いま研究は国際化だと叫ばれていて、大きく地球規模で食料問題を考えましょうということがいわれていますが、在来作物というのは非常にローカリティあふれる研究対象ですよね。ローカルな対象で得られた研究結果をどのようにして世界規模に広げていくのか、還元していくのか、江頭さんはどう考えていますか？

江頭　日本でも世界でも共通して悩んでいるのは、お金にならないものは見捨てざるを得ないということ。そういったものをどういうふうに守っていくのか、私たち研究者が今後やるべきことだと思います。私たちが幸せに暮らしていこうと思ったら、経済的な価値だけではなくて、別の面からの価値観で語れるような物の見方を研究者としては提案していかなければならないと思っているんです。だから地元の生産者の人たちが、だだちゃ豆にしても、いまはたくさん売れていますが、本当に関東圏に大々的にブレイクしたのは平成九年以降だといわれています。それまでは、売れても売れなくても、自分たちが食べたいからというのがあるかもしれませんが、自分たちの家族や親戚に毎年のようにお世話になりましたという形でお裾分けしていたというのが、在来作物の役割の一つでもあると思うんですね。見入りの少ない作物でも、そういった人々がこれほど守ってきたのかということを、真面目に学問的にも考える時期にきているのではないかと思います。

たとえば、これを食べるとこういう成分が含まれているから健康にい

料理人と知識人と生産者がつながることで、その地域が良くなって、人間が元気になる。（奥田）

いという側面でもいいと思います。また、焼き畑というと、最近は地球環境破壊の元凶というイメージがありますが、本来のカブの味を守っていきたい、自分が生きている間は昔ながらの本当のカブの味を守っていきたいと思って、命がけで頑張って作っている人たちだっています。私は必ずしも焼き畑は地球環境破壊の元凶とは思っていません。全部が全部そうだとは思っていなくて、ある意味、環境に適応しながら生きていくための一つの智恵だと考えています。そういった方法をもう一度再評価していくことが重要だと思っています。

経済的な一面だけではなくて、いろんな側面から在来作物の価値を再評価していくことが我々研究者の課題だと。それは世界にも通じていくのだろうと思っています。

奥田　私もイタリアに行って来たのですが、こっちでやっている活動が自分と同じ気持ちだということで、イタリアの人が招いてくれたんです。この前も二週間料理修業に行ったんですが、宿泊費、車の経費は全部ただなんですよ。

在来作物を生かす活動のためにいろんな国の人が日本に勉強しに来た後、今度は私たちがむこうの国へ、イタリアなどに勉強しにいく。その時にはその人たちが安く泊めてくれる。その代わり、彼らが庄内に勉強しにきたら今度はこちらでもてなすというつきあい、よいものを共有するという、そういう時代になったらいいなと思います。

江頭　農家や一部の人々によって長い年月の間守られてきた在来作物ですが、いまの世の中ではあまり価値あるものと受け取られていません。でも研究者として、その作物のよさをいろんな側面から評価できると思うのです。歴史、文化、食味成分、健康、おいしさ…、いろんな側面から一つでも二つでも、そういった価値を再発掘できるような研究を積み重ねることで、生産者の人たちは元気になってくれるでしょう。また、料理する人にとっても、それを流通させる人にとっても、地域の情報は大きな魅力と価値になっていくと思います。

在来作物のこれから

奥田　私は一生かけて、食の庄内を日本中に知らせるというのが自分の使命だと思っています。そうしたら、親善大使になってしまいました。その時に思い描いたのは、自分の世代で庄内の食材を日本に知らしめることによって、私が死ぬ頃に天才的なシェフが現れてオリジナルの料理を作って、さらに注目を浴びて、日本全国から庄内にいろんな人がやってくる、という青写真を描いていたんです。まさか自分がやるとは思って

経済的な一面だけではなくて、いろんな側面から
在来作物の価値を再評価していくことが研究者の課題。（江頭）

いなかったのですが…。すごい急転直下で来て、一時期自分で目標を見失ってしまったんです。あまりにもすごい勢いでそうなってしまったので。

いま考えているのは、この庄内のよさを楽しむこと。いままでは窮屈に自分でやらなくてはならない、これが私の使命だと思っていましたが、最近思ったのは楽しむのが大事だということです。楽しんでいると、みんなが寄ってくる。在来作物を江頭さんと山形大学の方々、生産者の方々と一緒に楽しんでやることによっていろんな人たちが庄内に遊びに来るんです。庄内のモデルケースを使って、日本全体に飛び火させていきたいというのが新たな目標です。うちの店にはいま、村山、最上、置賜、と県内各地域から修業にきている若者たちがいますが、彼らは食の都を自分たちの地元でつくりたいって言っています。そうやって日本中のいろんな所に火を付けて、日本を元気にして、次に世界を元気にして、最後には地球を元気にしたいというのがいまの私の壮大な目標です。

江頭　そうですね。庄内を皮切りに、山形県内の在来作物の調査を進めて五、六年になってきたんですが、最低十年間はこの調査をやろうと考えていました。調査はいつか結果が出ると思います。その後どうするのかということですが、次の研究テーマはまだはっきりとは考えていないです。でも、在来作物に限らず、それぞれの地域の人たちが大事にしてきたものというのはいろいろあると思います。食べるものだけではなくて、着る物や生活習慣、住居、文化行事…。そういったものは、その地域で生きていくために工夫してきた智恵の固まりですよね。地球環境の悪化がこれだけ懸念されている中で、今後ますます自分たちの地域をもう一辺見直して、この地域でより

司会進行の平教授。
江頭准教授とは旧知の仲。

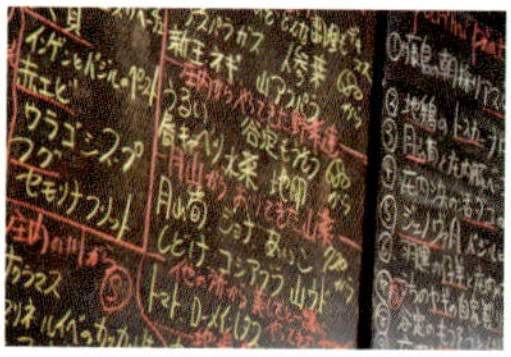

アル・ケッチァーノのメニューボード。本日のおすすめが毎日書かれる。

江頭さんや山形大学の方々、生産者の方々と一緒に
在来作物を楽しんでいるといろんな人が寄ってくる。
そうやって日本中いろんな所に火をつけて、
日本を、世界を、元気にしたい。（奥田）

よく生きていくためにはどうするのか、よそからいろんな物資を持ち込んで生きていくという生き方は、むなしさもありますし、何十年か先にはできない時代がやってくると思います。だから、その地域で生きて行くにはどうすればいいのかをもう一度考えてみると、昔の人は自分の地域で生きていくためのいろんな智恵をもっていたことに改めて気づくのです。それをもう一度見直すということが大事だと思います。そういったことをサポートできるような研究テーマがみつかるといいなと思います。

それと、これは山形県ならではの視点なのかもしれませんが、在来作物を見る限り、それぞれの地域にいろいろな在来作物があります。多様性というものがすごく山形県の中に生きていて、これは地域の人たちが自分たちの住んでいる環境の中で、生きて行くのに必要だったから残してきたのだと思うんです。いろいろな物があるということは、山形県にとっては誇れるものなのです。

奥田さんは食の都ではない地域を、食の都に変えるためには何が必要だと思いますか？

奥田　そこにいる人。原石を磨くのは人なので。人がそういう自分の足もとにあるものを磨いて、大事にして、誇りに思って、一緒に上がっていく。

江頭　私もそれに近い考えです。多様な物がいっぱいある地域はもちろんいいんですが、たとえちょっとしか残っていなくても、それを人々が大事にしてきたのかどうか、その思いの方が大事なんです。在来作物がある地域に二つ、三つしかなかったとしても、それをどれだけ人々が大事にしてきて、これからも大事にしていくかということが大切で、人々の心が食の都をつくっていく。

ちょっとしか残っていなくても、
どれだけ人々が大事にしてきて、
これからも大事にしていくか。
その人々の思いが
「食の都」をつくっていく。（江頭）

「食の都」にふさわしい
田畑が広がる庄内平野。

鶴岡市郊外の
孟宗筍の林にて。

平　それは世代を超えて伝えていかなければならないことのように思います。そういう意味で二人がこれからできることは何でしょうか。

奥田　私はしゃべることがあまり得意ではなくて説得力がないのですが、江頭さんがそこに入ってきてくれるとみんなが納得するんですよ。私は料理人で時間がない。私が勉強できないことを江頭さんが私の代わりに何十時間も勉強してくれる。江頭さんが私に教えてくれると、江頭さんが一年かかった研究を私はたった一時間でわかることができる。そこには利害関係とかまったくなくて、江頭さんがやってきたことをすぐ教えてくれる。私も江頭さんに料理で返す。江頭さんが日本全国からいろんな研究者をアル・ケッチァーノに連れて来る。私が料理を出す。そこに「山形、庄内はすごい」という流れがあるといいなと思います。私たちにはそういうことができるんじゃないかなと思うんです。それに命を燃やすみたいな。

次の世代のために自分たちがいま頑張らなければいけないと江頭さんはよく言うんですね。私もまったく同じで、一生懸命やっているときに、いま、庄内中、山形中に地上の星がいっぱいある。みんなそれぞれの熱い時代があったんだということがわかれば、私たちがいなくなった後も熱い時代は再び、みたいな感じで、百年後、また誰かが出てくるかもしれない。

やまがた在来作物事典

ここに収録したやまがたの在来作物は、2005（平成17）年5月から2007（平成19）年5月までに、山形新聞夕刊に約50回にわたって連載された記事を転載したものです。

転載に際しては季節ごとに再編集しました。また、一部の文章を省略したり、写真を入れ替えたりしたところもあります。

この連載は現在も継続中で、ここに収録したものがやまがたの在来作物のすべてではありません。現在その存在がわかっている山形県の在来作物のリストやそれらの分布状況については、付録の「山形県内の在来作物の種類と分布」をご覧ください。

バンケ

雪の下から掘り出されたみずみずしいバンケ

春を待つ、雪の下の美味。

今冬は雪による悲しい事故や被害が相次ぎ、いささか雪にはうんざりした。九州（福岡）出身のせいもあって、雪国にあこがれを持って十数年鶴岡で生活してきた私でも、今年の降りやまない雪には、「春はいつになったらやってくるのか、雪はもうたくさんだ」と思わずにいられなかった。暖房が今ほど十分でなかった昔、雪国の人々がどれほど春を待ちわびてきたか、今年の大雪をきっかけにようやくその気持ちがつかめた気がする。

今年は雪の影響で、目当ての在来野菜の収穫がなかなか始まらない。そこで今回は野草も含めて、昔から早春に食されてきた植物をながめてみたい。

まず春の野草といえば、旧暦の一月七日（二月上旬）に食べる七草が思い浮かぶ。セリ、ナズナ、ゴギョウ、ハコベラ、ホトケノザ、スズナ、スズシロ。しかし、県内ではこのころ、露地で入手できるのは湧水《ゆうすい》地のセリと深い雪の下にあるスズナとスズシロ、つまりカブとダイコンくらいである。

　最近やっと産直施設にバンケが並び始めた。庄内ではフキのつぼみを「バンケ」と呼び、伸びた花茎を「フキノトウ」と呼ぶ。かつてバンケは庄内固有の方言かと思っていた。若松多八郎著「野の花・山の花」によると、「ばんけ」とは雪の下を意味するアイヌ語であるとのこと。文字通り雪の下から掘り出されたバンケは柔らかく、苦味が少なく、香りがよい。しかし、雪解け後のバンケはぐっと苦味が増す。農家の人々が「雪の下」の美味なバンケを収穫するのは、今に伝えられたアイヌの人々の知恵だろうか。

　鶴岡市狩谷の産直「あねちゃの店」に立ち寄ると、春は着実にやってきていることを実感した。ハウス栽培のウルイ、コゴミ、ウド、タラノメはもちろん、露地の野草もバンケ、カンゾウ（甘草）、カタクリの葉とつぼみ、アザミが並んでいた。アザミは新潟県府屋から鶴岡市温海地区にかけての海岸付近で採取されたものとのこと。このアザミの種類はおそらくナンブアザミ。置賜地方の米沢藩に伝わる救荒食物をまとめた「かてもの」にもでてくるが、小豆と食べ合わせてはならないと注意書きがある。

　私の研究室をこの春修了した山崎彩香さんは修士論文「山形県の在来カブの特性と来歴」の中で、最上・村山地方には春の彼岸のころに雪から掘り出したカブで「味噌《みそ》かぶ」をつくり、先祖に供え自らも食べる習慣があることを紹介している。また、積雪の多い地方では年中行事のサイクルの中でカブを儀礼的に食べることで、春の到来を喜ぶとともに、雪の事故に遭わないように自ら注意を喚起し、仏様にも守ってくださいと祈る意味があったのだろうと述べている。

　どんなに厳しい冬であっても、春は必ずやってくる。先人たちはそんな思いを抱き、雪の束縛から解放される春を待ち望みながら、長い冬をしのいできたのであろう。

（江頭宏昌・山形大農学部助教授／2006年3月23日掲載）

春を運んでくるバンケのてんぷら

〈主な産地〉
庄内地方をはじめ県内全域
〈名前の由来〉
フキのつぼみで、アイヌ語で雪の下を意味
〈主な調理法〉
天ぷら、味噌あえなど

ウルイ

「雪うるい」の生ハム巻き

古くから各地域で親しまれてきた多年草。

ウルイは日本自生のユリ科の多年草で、全国的には庭植えの観賞植物あるいは山菜として利用されているが、山形県では一月から四月にかけて出回る地場野菜としてなじみ深い。食用目的の栽培は近年まで本県以外ではほとんど見られなかった。本県では上山市小笹地区で古くから栽培されてきたという言い伝えがあり、また江戸時代に編さんされた諸国産物帳に、米沢領の産物としての記録がある。しかし、近年のウルイ生産は庄内地域が最も盛んで、最上地域でも栽培が比較的盛んである。

ウルイという呼び名は標準和名ギボウシに対する地方名（東北地方ほか）で、地域によってはウリ、ウリイ、ウリコ、ウリッハ、ウリッパ、ウルイソウ、ウルイッパ、ウルイハ、ウルイバ、ウルエ、ウレ、ウレエ、ウレッパなどと呼ばれる。これらの名はウルイが転じたものであろう。この植物の地方名にはウルイがなまったもののほかにギボウシ由来と考えられる名も多く、これらの地方名をリストアップすると、青森から熊本に至る地域で百二十三語以上を挙げることができる。呼び名が多いということは、この植物が古くから各地域で身近にあって、親しまれてきたことを示している。

ギボウシはギボウシ属植物の総称として使われているが、ギボウシ属は東アジア特産の植物で、世界の自生種は二十種ほどに、日本の自生種も十三種ほどにまとめられると言われる。しかし、種間交雑しやすく、上記の自生種のほかに形態的に明らかに異なる多数の栽培種が存在している。食用向けに栽培されている種類の多くは、形態的にオオバギボウシかそれに近い種類とみられるが、コバギボウシかそれに近い種類のものも一部で使われている。

なお、欧米では観賞植物としてのギボウシを愛好する人が多く、ギボウシの協会もあってその雑誌やギボウシ専門の園芸書などにわが国のギボウシの種類、園芸品種が多数紹介されている。大正時代に寒河江市で食用のギボウシから突然変異で生じたとされる、覆輪の大型葉をもつサガエギボウシは欧米で最も愛好されている品種の一つである。

ところで、ウルイの葉は成長が進むと苦味が強くなるので、食用では若採りし、また葉を柔らかく、長く伸ばすとともに、苦味を抑えるため光をさえぎった状態で成長させて（軟白して）収穫している。食用向けに苦味の少ない系統が選抜されており、最近の軟白栽培物は苦味が全くないか、あってもごくわずかである。

現代の食用向け栽培のほとんどは、根株を十二月以降にハウス内のベッドに伏せ込んで加温する促成栽培になっている。葉の基部を軟白するとともに長く伸ばすために通常、モミガラを厚く覆土するが、最近、最上地域では覆土をせずに、伏せ込み時から収穫時まで株全体を遮光トンネルで覆って暗黒下で軟白栽培する方法が行われている。この収穫物には緑の部分がないので「雪うるい」の名で販売され、好評を博している。

葉の先が緑化した普通のウルイの通常の食べ方はおひたしであるが、そのほかあえ物、油いため、煮物、天ぷら、汁の実などに調理して食べられている。一方「雪うるい」は、生産農家である最上町法田の後藤光一氏のご家族によると、生のままでも食べられ、最も単純には塩をかけるだけでもおいしい。好みでごまドレッシングなどをかけたり、生ハムで巻いて食べるのもよく、「雪うるい」はクセがなく手軽に食べられる優れた食材と言える。

（高樹英明・山形大農学部教授／2007年2月28日掲載）

〈主な産地〉 山形県全域
〈名前の由来〉 標準和名ギボウシに対する地方名（東北地方ほか）
〈主な調理法〉 おひたし、あえ物、油いため、煮物、天ぷら、汁の実など

ギョウジャニンニク

萌芽してまもない食べごろのギョウジャニンニク

成人病の予防効果を持つ、ひときわ優れた健康野菜。

春先の、落葉樹がまだ葉を付ける前の明るい林床下に、ギョウジャニンニクは冬枯れの他の野草に先がけて鮮緑色の新葉を展開する。現在では自生がまれになった山菜であるが、享保・元文年間に編さんされた諸国産物帳（一七三五―三九年）には庄内、米沢、および筑前藩から産物として報告されており、山形では相当古くからギョウジャニンニクを好んで利用していたことがうかがわれる。

　ギョウジャニンニクの名称は、ニンニク臭があり、修行中の行者が深山に生えているのを食用にしていたということからきている（牧野富太郎）。日本で自生しているのは、奈良県以北の山地の林床であるが、北海道では平地の原野でも見られる。山形では月山、葉山、吾妻山、飯豊山などの山地に分布するほか、南庄内の日本海に面する低山の林中でも見られる。

　しかし、最近は野生の資源量が少なくなって、見かけることは少なくなった。これは昔からギョウジャニンニクに滋養強壮効果のあることが経験的に知られていて、分布が少なくなっても好んで採取されたことと、再生力、繁殖力がもともと弱いことによるためであろう。特に近年の需要の増加による限度を超えた採取は、資源の枯渇をもたらすと危惧《きぐ》されている。自然生態系保全の見地からも増大する需要は、生産栽培でまかなうことが望まれる。なお、栽培品の本格的な市場出荷が始まったのは一九八〇年代後半の北海道であるが、庄内でも八〇年代初めに羽黒町の今井勇雄氏や小野信一氏らによって栽培が始められている。

ギョウジャニンニクはニンニクの風味がする葉物野菜で、もともと食材として優れたものであるが、近年の人気や需要増加の背景には、健康野菜ブームがある。動脈硬化・脳梗《こう》塞《そく》やがんに予防効果を示す機能性成分が豊富に含まれていることが近年、科学的に示され、格段に優れた健康野菜と認められている。

本州の深山や北海道に自生することが多いので、冷涼な気候を好む山菜というイメージがあるが、山形の平地で容易に越夏できる比較的強健な山菜である。ただし、夏は樹陰下になるか、夏草に覆われるなど太陽の直射光が遮られる状態になることが必要である。除草しないほうがかえって良い。家庭菜園に向いている野菜であるが、生育がきわめて緩慢で、収量の少ないのが欠点である。なお、開花時の姿にも風情があるので、野菜のある庭に取り入れるのもおもしろい。

1本の株が1年後に3、4本に増える

増殖は晩秋か早春に株分けするか、晩夏から初秋に種子をまいて行う。株分けでは一本の株から一年間でせいぜい三、四本しか増えないので効率が悪い。一方、種子生産量が多いので、種子を用いると大量増殖が可能であるが、播種《はしゅ》から収穫できる大きさになるまで四、五年を要する。この生育の遅さと、収量の少ないことが従来経済栽培されなかった主因と思われるが、近年、増殖・栽培に関する基礎・応用の研究が進み、栽培が次第に増えてきた。

料理は主として、葉が開きだしてきたころの若い葉茎部を基部から切り出して用いる。軽くゆでておひたしにしたものだけでもおいしいが、各種のあえ物としても使われる。野菜いため、天ぷら、卵とじなどにしてもおいしく食べられる。

（高樹英明・山形大農学部教授／2006年4月20日掲載）

〈主な産地〉鶴岡市の朝日・羽黒地区
〈名前の由来〉ニンニク臭があり、修行中の行者が食用にしてきたことから
〈主な調理法〉おひたし、あえ物、野菜いため、天ぷら、卵とじ

啓《けい》翁《おう》桜《ざくら》

花がぎっしりと枝先までつく低木品種「山形おばこ」（石井重久さん撮影）

有志の努力が結実した 山形県が誇る高品質の花木。

近年、正月から三月にかけて、県内随所で啓翁桜の切り花を見かける。促成開花させた啓翁桜は年中行事に文字通り花をそえ、一足早い春と豊かな雰囲気をもたらしてくれる。

そもそも、啓翁桜のルーツは福岡県にある。久留米市山本の良永啓太郎さんが一九三〇（昭和五）年にチュウゴクオウトウを台木にして接いだヒガンザクラの変異として得られたものといわれている。同地区の弥永《やなが》太郎さんが良永さんに敬意を込めて「敬翁桜」と命名したが、後に「啓翁桜」という誤記が一般に普及した。ここでは啓翁桜と表記することにしたい。

全国に先駆けて啓翁桜を本県に導入した、山形市釈迦堂の石井久作さん（75）にそのいきさつを聞いた。久作さんは四五（同二十）年ごろ、当時死に至る病であった肺結核を患い余命二、三年との宣告を受ける。余生の心のなぐさめにと、米作りの時代に反してグラジオラスやダリアの栽培を始めた。たまたま花屋が自転車で買い付けに来てよく売れた。そのうち、結核は誤診であることが分かり「この先どうやって生きていけばよいか困った」と苦笑する。

その後、さまざまな花の生産に取り組むが、賃金や石油の値上がりで何度も挫折。冬の農閑期に仕事ができる花木の栽培に目を付けた。何かいい花木はないかと全国の大学の先生や種苗会社に手紙を書いた。幸い奈良県の種苗会社・大和農園から、同社に福岡から導入して四、五年になる啓翁桜といういい桜があるという返事が届く。六四（同三十九）年に、苗木二百本を購入した。

しかし、栽培方法も分からないうえ、育ててみると花や樹の性質は個体によってバラバラ。選抜の結果、ピンク色の美しさ、花持ちと木自体の切り枝回復力が優れる「山形1系」が、その後の普及候補になった。同時に十年以上試行錯誤を重ね、栽培技術の確立に取り組んだ。手応えを感じると、自分の優良系統と栽培技術を惜しみなく、県内全域へ広めたいと思うようになった。

「出稼ぎをやめて、山形県を日本一の花木の産地にしよう。もし失敗したら、全責任はおれがとる」。まさに「切腹の覚悟」で仲間に協力を呼びかけたという。昭和五十年代に啓翁桜を中心とした花木生産者のための山形県花木生産者協議会が結成され、久作さんが会長に就任。副会長に酒田市の高橋春樹さん、舟形町の叶内太一さん、白鷹町の今邦夫さんが就任し、全域に普及の拠点ができた。そのころ、県園芸試験場の勝木謙蔵さんが啓翁桜の休眠と覚醒《かくせい》に関する研究をライフワークにして支えてくれたおかげで、現在の出荷技術が確立したという。

後に産地は宮城、福島、長野などへ広がるが、本県の啓翁桜の品質は今なお、市場で高い評価を得ている。全県的に徹底して揃《そろ》いと品質の良い系統を使い、高い栽培技術と出荷技術の普及を行ってきた、協力者たちの苦労のたまものだろう。

長男の重久さん（47）は父親から啓翁桜を引き継いでいる。圃場《ほじょう》をくまなく見回り、枝変わりの変異や実生から次々と精力的に啓翁桜の新品種を育成している。最近出した品種は「山形おばこ」「初夢吹雪」「彩久作」などである。「山形おばこ」は、サカタのタネの通信販売でトップクラスの売れ行きという。

パイオニア精神にあふれた父久作さんが山形に啓翁桜を根付かせ、重久さんが父親の意志を受け継ぎ、品種改良を行いながら山形の花木生産の将来を見つめている。福岡生まれの啓翁桜は、山形在来の花木になりつつあるといえよう。

（江頭宏昌・山形大農学部准教授／2007年4月25日掲載）

〈主な産地〉県内全域
〈名前の由来〉福岡・久留米市の良永啓太郎さんへの敬意をこめ命名した「敬翁桜」が後に「啓翁桜」に変化した
〈栽培・出荷時期〉年末から3月

古《こ》湊《みなと》の紫《むらさき》折《おり》菜《な》

20～25センチに伸びた花茎を収穫する

後世に残していきたい 春の宝物。

酒田北港近くに古湊《こみなと》という古い集落がある。「やまがた地名伝説」第二巻によれば、平安時代ころに中国東北地方南東部から朝鮮半島北部沿岸に位置した渤海国と出羽国府との交易に重要な役割を果たした古い港が、この古湊であったという。今は民家と砂地の畑の風景が静かに広がる。そこに春の在来野菜、紫折菜(地元ではオリナと略称)がある。

オリナは、茎立菜の庄内地方での呼び名である。茎立菜はツケナの中で、とう立ちした花茎を主に食用にするものをいい、葉を主に食用にするものはアオナと呼んでいる。ツケナというのはアブラナ科の野菜の一種で、カブ、チンゲンサイ、コマツナ、ハクサイ、ミズナなど多くの種類を含む。紫折菜はツケナの一種、紅菜苔《ホンツァイタイ》に属すると考えられている。ただしツケナとは別種の西洋アブラナやカラシナでも、クキタチナと呼んで花茎を食用にすることがあるので紛らわしい。

紅菜苔は甘くてえぐみが少ないといった味の良さから、近年広く栽培されるようになった。サカタのタネからもオータムポエムという、紅菜苔を交配して作った品種（通称アスパラ菜）が発売され、日本各地で人気を博している。青葉高著「北国の野菜風土誌」によると、そもそも紅菜苔が中国から日本に最初に入ってきたのは昭和十年代であったがほとんど普及せず、紫折菜は一部の人から幻のツケナといわれたという。

「たぶんその当時、父親が種苗店などを通じて種子を入手したのでしょう。今のように多くつくられるようになったのは昭和四十年代に入ってからです」と、紫折菜の出荷を担う古湊丸果庄内青果組合（組合員十七人）の組合長・小笠原茂雄さん（73）は語る。

紫折菜の播種《はしゅ》は九月上旬、収穫は三月から四月末ころまで。通常は露地栽培である。収穫を早めようとハウス栽培を試みた人もいたが、成長が早すぎて食用にならなかった。「紫折菜は露地で雪の下になっても寒風にさらされても、決して枯れることがない強靭《きょうじん》な耐寒性と生命力をもっている」と小笠原さんは言う。

古湊で栽培するメリットは、海流の影響で雪解けが早く、収穫をより早く開始できるので、山菜や春の野菜が大量に出回る前に高値で取引できること。アブラナ科植物にはひんぱんに見られる連作障害が、古湊では出ないことである。その上、在来種なので種子を買わずにすみ、採種の手間もたいしてかからない。春先なので病虫害が出ず、無農薬栽培が可能といったメリットもある。

一方、紫折菜は収穫が手作業であり、花茎の伸びぐあいを一株ずつ見て歩かなければならないので、ひとりで栽培できる面積はおのずと限度がある。また栽培者はみな七十歳代で、後継者がいないという現実がある。種子も心配だが、これまで小笠原さんたちが何十年もかけて開拓してきた市場への出荷ルートも一度失えば簡単には取り戻せないというもったいなさもある。地元の若い人々をはじめ、酒田市民がこの宝物を再認識して、小さな行動を起こしてくれることを祈りたい。

（江頭宏昌・山形大農学部助教授／2006年4月6日掲載）

出荷時には250グラム程度に束ねられる

〈主な産地〉酒田北港近くの古湊という古い集落
〈名前の由来〉紫色のオリナ（茎立菜に対する庄内地方での呼称）であることから
〈主な調理法〉炒め物、おひたしなど

チヂミ菜

春先にグングン育つチヂミ菜

春先に味わう、クセのない甘味の茎立ち菜。

昨年の四月上旬、酒田市亀ケ崎(旧鵜渡川原地区)の在来野菜・カツオ菜を取材したときに、同じ畑で葉の周辺が縮れた野菜を見かけた。それが気になって、栽培者の児玉静子さん(51)に尋ねたところ、チヂミ菜と呼んで、長年自家採種しながら栽培してきた野菜であることを知った。同地区で栽培しているのは児玉さんだけという。食べる部分は、とう立ちし始めた茎葉で、茎立ち菜の一種である。

おひたしをごちそうになった。味や香りに強いクセはなく、ほんのりと甘味を感じる。「今年は例年にない暖冬でおもしろぐねの。普通の寒さにあえば、口の中でもっと甘味が広がるんだども」と児玉さんは言う。

そもそもチヂミ菜は数十年前、児玉さんの義母ちえこさん(80)の叔母伊藤みちえさんが、山形市で入手した種を栽培し始めたものだという。青葉高著「北国の野菜風土誌」(一九七六年)によると、「福島県には（中略）カブレナ、あるいはチヂミクキタチナと呼ばれるものが以前から作られている。これらは洋種ナタネの仲間で、冬の寒さに強い。近年は葉の縮まない種類がシンツミナ、五月菜などの名で栽培され、山形県にも拡まっている」とある。

福島県の経営支援領域研究開発グループのホームページ・在来希少作物データベースには、「縮緬《ちりめん》茎立ち」という晩生の茎立ち菜が会津若松市周辺で栽培されてきたとある。その写真を見ると、茎葉の形態はチヂミ菜と実にそっくりであった。

つまり、青葉氏が三十年前に述べたチヂミクキタチナは、福島県と酒田市にそれぞれ現存する「縮緬茎立ち」およびチヂミ菜と同類のものであり、チヂミ菜はおそらく福島県から山形市を経由して酒田市に伝わり、残ってきたものであろう。

栽培方法は九月の彼岸のころに種をまき、翌年畑の雪が消える前に施肥。収穫期間は四月上旬から一カ月ほどである。地元のスーパー・トー屋みずほ店で販売しているが、お客さんから好評を得ている。

春先の県内では、古くから在来の茎立ち菜が広く食べられてきた。庄内地方では、このチヂミ菜をはじめ、以前紹介した紫折菜や開花前の温海カブや田川カブの茎立ちも食べる。在来種かどうか未調査ではあるが、村山地方や置賜地方にも、少し苦味があって葉に切れ込みのない「茎立ち菜」と、チヂミ菜に似て苦味はなく甘味があり、茎は太くて柔らかく、葉の周辺が細かく縮れる「五月菜」という系統があり、後者は置賜地方で「チリメン五月菜」とも呼ばれている。

雪の後、大地のエネルギーを吸収して、グングン成長してくる野菜たちから季節の便りと元気をもらう。それが、春一番に食べられる茎立ち菜のありがたさである。

（江頭宏昌・山形大農学部准教授／2007年4月11日掲載）

軟らかく甘味のあるチヂミ菜のおひたし

〈主な産地〉
酒田市亀ヶ崎（旧鵜渡川原地区）
〈名前の由来〉
葉の周辺が縮れていることから
〈主な調理法〉
おひたし

カツオ菜

つぼみは見えないが茎立ちし始めた収穫適期のカツオ菜。このような茎が１つの株から何本も収穫できる

酒田に春の到来を告げる小松菜の一系統。

四月五日、ある新聞記者から問い合わせの電話があった。聞くと、庄内農業改良普及センター酒田支所の人と話をしていたときに、酒田市鵜渡川原地区で古くからつくられている「カツオ菜」が話題に上ったので取材に行きたいという。カツオ菜といえば、葉からだしが出るというので雑煮の具などに利用される福岡県のタカナの在来種のことがまず頭に浮かんだ。そのとき私は、恥ずかしながら庄内にカツオ菜なる在来野菜があることを全く知らなかった。

ぜひ実物を見てみたいとお願いし、記者の取材に同行させてもらうことにした。訪問先は酒田市亀ケ崎の児玉静子さん（55）。児玉家では現在、一九六七（昭和四十二）年に嫁いできた静子さんが、カツオ菜の栽培を主に担っている。どういう経緯でいつごろ鵜渡川原地区に持ち込まれたのかは不明であるが、児玉家では少なくとも三世代にわたって栽培されていることから、百年くらいの歴史はあると思われる。

畑に案内してもらったところ、その形態から福岡県のカツオ菜とは別種であることが分かった。分析を待たなければ断定はできないが、おそらく古い小松菜の一系統であろう。ちなみに小松菜は江戸時代に下総国葛飾郡小松川地方（現東京都江戸川区）の椀屋久兵衛が当時名品であった葛西菜を改良したものといわれており、その名は地名に由来している。小松菜には多数の系統があるが、春に出荷されるものは鶯菜《うぐいすな》とも呼ばれると、青葉高著「日本の野菜」に記載がある。一方、一七三五（享保二十）年の「羽州庄内領産物帳」には「鶯蕪　うぐひすな」なる産物が挙げられている。カツオ菜は当時の「うぐいすな」の呼称が後に変化したものか、あるいは鵜渡川原地区に持ち込まれた別系統の可能性が考えられよう。

カツオ菜の栽培方法は次の通りである。前年の九月二十日ころに種をまき、翌年畑の雪が解けたらすぐに肥料を施す。収穫期間は四月六日から二十日ころまでのわずか二週間あまり。つぼみが見え始めると茎葉が堅くなるので、茎立ちを始めてもまだつぼみが見えないうちに株ごと収穫し、葉茎全体を食用にする。

かつて鵜渡川原地区のほとんどの農家はカツオ菜を植えていたが、いま同地区では数人しか栽培していないとのこと。収穫した後は、地元スーパーや直売所などで毎年販売されている。購入者の多くはかつてリヤカーの行商から買い求めた経験を持つ年配者で、「カツオ菜の季節になったのー」と懐かしんで買っていくという。児玉さんは伝統を絶やさないように栽培を続けていきたいと考えている。

ゆでると、葉の色が鮮やかな明るい緑色に変わる。おひたしをごちそうになったが、ほのかに甘味があっておいしい。カツオ菜のネーミングは、その味にあるのではないかと言う人がいる。なるほど、後味にほのかにカツオのうま味が残るような気もする。カツオ菜は、春ガツオが春の到来を告げるように、酒田の町に春本番を告げてきた伝統的な野菜なのであろう。

山形県には、祖先から伝えられてきた作物を人知れず大切に守り続けようとがんばっている児玉さんのような方が、まだ大勢おられるにちがいない。山形県の伝統と食文化の奥深さを一つでも多く記録していきたい、そんな意欲がまたわいてきた。

（江頭宏昌・山形大農学部助教授／2006年5月11日掲載）

〈主な産地〉
酒田市亀ケ崎（旧鵜渡川原地区）
〈名前の由来〉
春の到来を告げる野菜の意味か？　カツオのうま味が味わえるからという説も
〈主な調理法〉
おひたし

庄《しょう》内《ない》の孟《もう》宗《そう》

掘り出したばかりの谷定孟宗

あく抜きせずに食べられる 濃厚な香りとうま味。

五月五日朝六時十五分。ＪＡ鶴岡の湯田川出張所。孟宗（モウソウチクのタケノコ）を購入するために三十三番の整理券をもらった。店員から「入荷量によっては番号の遅い人は買えないかもしれません。買える場合も本数はＳＳサイズ一人三本まで、ＳからＬサイズ一人二本までに限定します」と説明があった。開店は六時四十五分なのに、その朝五時から並んだ人でも十番台の順番だとのこと。昨年の猛暑、今冬の大雪、連日の低温と悪条件が重なって、孟宗の出が悪いのだそうである。

　庄内地方には孟宗の産地が大きく分けて二つある。一つは温海町早《わさ》田《だ》地区、もう一つはかつて修験の山であった鶴岡市の金峯山周辺地区である。早田孟宗の生産組合長、佐藤橘弘《たつひろ》さん（65）によると、「組合は昭和三十二年ごろにでき、現在二十人の組合員がいる。生産量は十二トンくらい。ＪＡ庄内たがわ温海支所などを通じて地元消費が中心。タケノコは、香りを生かしたシンプルな味付けで食べている」とのこと。一方、金峯山周辺には先に述べた湯田川に加え、谷定、田川などいくつかの産地がある。収穫量は谷定が百トン、湯田川が十トン程度。金峯山周辺の赤土は孟宗栽培に適しているといわれている。

庄内の上質なタケノコは、皮の色全体が茶色で黒ずんでおらず、切り口付近が緑色がかっていない白い色をしている。そのような孟宗は柔らかく、えぐみが少ないので、金峯山周辺ではあく抜きせずに厚揚げとシイタケなどを入れ、みそと若干の酒かすで煮て食べる。いわゆる「孟宗汁」である。あく抜きのゆでこぼしが不要だからこそ、新鮮なタケノコの濃厚な香りとうま味がまるごと味わえるのである。

「モウソウチクの林は手入れが大変。竹林を持っていても、勤めに出ている若い人たちには管理が難しい。だから湯田川孟宗竹林保全管理組合を六年前につくった。孟宗掘り体験のイベント参加費と売り上げの一部で、竹林管理の経費を工面している」と組合長の大井利雄さん（78）は話す。大井さんの山には昔からモウソウチクがあり、昭和十五、六年ごろから孟宗を収穫して売り歩いていたとのこと。「いい孟宗を作ろうと思ったら、汗をかかんとだめだ」「モウソウチク林に肥料を施すなら、地下茎が地上に向かって伸びないように深く掘って埋めること」「孟宗の収穫時期が終わっても常に竹林を見て回ること。冬季雪で幹が折れないように、若いうちに竹の先端を振り落としておく。揺さぶる時期と方向にコツがある」。大井さんの長い経験に裏打ちされた言葉は、一つ一つに説得力がある。

室井綽著「竹」によると、モウソウチクの由来は中国で、当時の琉球を経由して日本（鹿児島市の島津家別邸）に初めて入ったのが一七三六年、それを江戸品川の薩摩藩邸に移植したのが一七八〇年。この二カ所を起点に日本中に広まったという。しかし諸説あって、日本への渡来時期はもっと古い可能性もある。大井さんが聞いた言い伝えによると、年代は定かでないが金峯山周辺のモウソウチクは修験者が北前船で京都から持ち帰り、周辺の寺社に植えたのがはじまりとのことである。

朝から並んでやっと購入した二本のタケノコを早速孟宗汁に。皮をむくときからすでに手の感触で違いを予感していたが、食べてみてその柔らかいこと。旬のタケノコの香りとうま味が口いっぱいに広がった。

（江頭宏昌・山形大農学部助教授／2005年5月26日掲載）

〈主な産地〉温海町早田《わさだ》、鶴岡市・金峯山周辺の谷定、湯田川など

〈名前の由来〉中国の故事で、孟宗という母親思いの息子が冬に雪の中を掘って食べさせたことから

〈主な調理法〉孟宗汁など

月《がっ》山《さん》筍《たけ》

筆者が考案した「月山筍の生ハム巻きフリット」

栽培で味わえる
タケノコの最高峰の美味。

山形で月山筍《がっさんたけ》とよばれているタケノコは、一般的にはネマガリタケという。標高七〇〇メートル以上の中部地方以北の山々に自生し、世界中にあるタケノコの中でもとりわけおいしいことで知られている。その中でも姿、味ともに有名なのが、月山の標高一、〇〇〇メートル以上で採れる月山筍である。

それを人里近くで栽培する方法を、四十年近くも研究してきた人がいる。鶴岡市羽黒町の斎藤定雄さん（74）である。氏の月山筍はものすごく太くなる上に皮が赤くなりエグミがないという特徴があり、その味は一級品として有名である。今回念願かなって、月山筍の秘密を聞く機会に恵まれた。

まずは月山の腐葉土。これは丈夫な根を作るカリウムという栄養素を多く含んでいる。さらにこの腐葉土が作り出す土の軟らかさが、ネマガリタケには最も好ましいのである。この軟らかさなら、月山筍の地下茎が地表から十〜十五センチの深さに張り、そこから伸びた月山筍は一番おいしい長さのときに顔を出すことになる。もし土がもっと軟らかいと地下茎がさらに深く入るために、タケノコが地上に出るころには成長しすぎてエグミが出てしまう。一方、土がもっと硬いと地下茎は浅いところに張るので、成長し始めて間もないうちに地面に顔を出してしまい、細く、青いタケノコになってしまうのである。

次に斜面は、午前中の太陽光線が当たる東か南向きがよい。親竹は三年で役目を終えるように古い竹は切るようにし、常に若くて元気な竹を残す。三つ目に笹の葉は、日光が地面に当たらないようでもあり、当たるようでもあるようなあんばいに刈ること。これは料理のさじ加減と同じような名人芸である。そして最後に決定的なのは、早朝と日が沈むときにしか採らないことである。しかも刃物で切り取るのではなく手で折り取るとのこと。畑で朝収穫して七時間たったものと、お昼すぎに採ったばかりのものを比べると、なんと朝採ったものの方が、いつまでも生き生きとしているのである。

そもそも斎藤さんは月山筍が大好き。年を取ったら山へ採りに行けなくなるのがいやで、月山筍の栽培を始めたのだそうである。許可を得て月山から採取した地下茎は、人里では食べられるようなタケノコを出してくれなかった。しかし、遠い昔の人が里に植えておいてくれたのであろうネマガリタケから得た地下茎は、移植して七〜十年後に見事なタケノコを出してくれた、と斎藤さんは言う。

「月山筍の生ハム巻きフリット」という料理を考えてみた。甘い月山筍にしょっぱい生ハムを巻くことで、月山筍の甘味を引き立てる。フリット（てんぷら）の衣にはフェンネルを入れることで月山筍の香りとの相乗効果をねらう！　月山筍とフェンネルのように、口のなかに香りが広がる速度が近いものどうしは相性がいい。

（奥田政行・アル・ケッチァーノオーナーシェフ、鶴岡市／2006年5月25日掲載）

【月山筍の生ハム巻きフリット】

▽**材料**（1人前）月山筍小3本、生ハム、薄力粉（付け粉用）、衣（薄力粉100グラム、塩2グラム、フェンネル適量、氷水200cc）、揚げ油

▽**作り方**⑴月山筍をむいて根元を軽く落とし、生ハムを根元の方1／3に巻き付ける。⑵衣を作る。ボールに薄力粉、刻んだフェンネル、氷水を入れて、はしで軽く交ぜ塩を加える。⑶⑴の生ハムを巻いた月山筍に粉をまぶして⑵の衣にくぐらせて油でカラッと揚げて完成。（生ハムの塩分があるので塩は振らない）

〈主な産地〉そもそもは月山の標高1000メートル以上の高地。現在では人里近くで栽培されている

〈名前の由来〉ネマガリタケの中で、月山のものが姿、味ともに抜群であることから

〈主な調理法〉生ハム巻きフリットなど

フキ

夏刈フキの畑

体中に元気をくれる
独特の春の香り。

ゴールデンウイークが過ぎると、フキの季節が到来する。土と草が混じったような独特の春らしい香りを口に運ぶと、体中が元気になるような気がしてくるので不思議である。山形県の在来フキの産地は、現在確認しているだけで少なくとも三カ所ある。一つは庄内地方の鶴岡市にある友江フキ、もう一つは村山地方山辺町の三河フキ、さらに一つは置賜地方高畠町の夏刈フキである。

友江フキは、鶴岡市大山で古くから栽培されてきた、柔らかく香りがよい特徴を持つフキである。葉柄の長さは四十〜九十センチ程度。例年、五月中旬ごろ出荷の最盛期を迎え、翌年の生育に影響が出ないように、鶴岡の天神祭（五月二十五日）のころまでに収穫を終える。数年前までは大山川沿いで栽培が盛んであったが、河川改修工事とともに姿を消した。

昨年地元で聞いた話では、友江フキを現在農協出荷している農家は四軒、そのうち昔ながらの栽培方法を守っている農家はわずかに二軒とのことであった。昔ながらの方法とは、化成肥料や農薬は使わずに、屋敷林のケヤキの落ち葉にもみがら、米ぬかを混ぜたものを積雪前と春、畑に入れるというものである。

今年五月十六日、高畠町夏茂字夏刈で、長谷川邦子さんの夏刈フキを見せてもらう機会に恵まれた。栽培面積は十アールほどあり、風と霜、寒暖を防ぐための白い寒冷紗《しゃ》がフキ畑を覆っていた。葉柄は一メートルほど、その根本は赤紫色。川西町のゼンミョウブキが当地に伝わったのが由来とのことであるが、年代は不明である。夏刈フキはしょうゆ、砂糖、みりんで味付けし、油揚げやニシン、コンニャクとともに煮るのが一般的な食べ方とのこと。帰り際にいただいた砂糖で煮たフキ菓子は、優しい甘さの中にフキの香りが広がり、懐かしさと新鮮な感覚が混在して美味であった。

五月二日には、三河フキを求めて山辺町三河尻を訪ねた。同地区の後藤吉右衛門さんによると、須川の肥《ひ》沃《よく》な砂質土に恵まれた三河尻は三河フキの栽培に適しているが、ほかの土地では生育が著しく悪くなるという。同集落の三十戸のうち約半数が三河フキを栽培・出荷しているとのこと。生産者の一人高内良助さん宅を訪問したところ、息子の康司さんのはからいで、家の方々からいろいろな話を聞くことができた。

三河フキは、だし、しょうゆ、油で味付けするのが基本で「ニシンや油揚げを家によって入れて食べている」「かす漬けやお菓子にもする」。また「例年、ハウスものは四月二十日くらいから、露地物はその一週間後から収穫が始まり、五月二十日ごろまでに収穫が終わる」「霜害防止の寒冷紗をかけたり、雑草害を防ぐために年に四、五回の草刈りが欠かせないなど、栽培管理には手間がかかる」とのこと。さらに康司さんの亡くなった祖父が「三河フキの由来は山形市の飯塚地区」と言っていたそうである。

一方後藤さんによると、江戸時代伊勢参りに行った地区民が、愛知フキ系のフキを持ち帰ったのが始まりとのこと。地域の宝物のルーツを求めて思いをめぐらすのは楽しい。入手した三河フキを実際に食べてみた。煮込んでも、シャキシャキした歯ざわりと上品な香りがしっかりと残る魅力的なフキであった。

（江頭宏昌・山形大農学部助教授／2005年6月9日掲載）

出荷される三河フキ

〈主な産地〉
鶴岡市、山辺町、高畠町
〈名前の由来〉
古名、布々岐《フフキ》と呼ばれていたのが縮まった
〈主な調理法〉
煮物、かす漬けなど

ジュンサイ

どこか懐かしいジュンサイ採取風景

ひときわ大きく立派な「ヌル」。

ジュンサイはスイレン科（研究者によってはハゴロモモ科）に属する多年生水草である。日本はもちろん、中国、朝鮮半島、オーストラリア、アフリカなど世界中の温帯の湖沼に分布する。日本では古来ヌナワと称して食されてきた。

今回、天然ジュンサイの自生規模日本一という村山市大谷地沼（通称じゅんさい沼）を訪れた。心地よい風景に見とれているうちに、「作物とは人間と共生関係にある植物である」（盛永俊太郎著「農学考」一九五一年）という言葉を思い出した。このジュンサイこそ、農学博士の盛永氏が訴えたかった本来の共生の姿なのではないかと思えてきた。

その沼の大高根じゅんさい採取組合（井上惣太郎組合長、組合員五十二人）の事務局、石沢祐一さんは、「ここのジュンサイは完全に天然のものです。現在、人が手を加えているとすれば、年二回の除草と、沼の水がすみずみまできれいに保たれるように、水の引き込み口二カ所と排水口二カ所を作ったことだけです」と語る。ここのジュンサイは天然物であるが、人が一部その生育を助けているという意味でここでは、作物として書かせていただきたい。

石沢さんから大谷地沼のジュンサイを見せてもらった。一目見て、あまりの立派さに驚いた。若芽そのものも大きいが、それを包んでいる透明な「ヌル」がひときわ大きいのである。ジュンサイはヌルが多いほど良質とされる。石沢さんはジュンサイがよく育つ条件として「沼が古く、底土も肥よくで、水がきれいなこと。水流は速いとだめ。さらに水深が一・二〜一・六メートルくらい必要で、浅すぎても深すぎてもだめといわれています。この沼がもともとジュンサイの生育条件によくあっていたのでしょう。ジュンサイを知っている人でも、ここのジュンサイを見ると（品質の良さに）驚くんですよ。終戦ごろまでは京都にも出荷されていたようです」と言う。

大谷地沼は灌漑《かんがい》用ため池として江戸時代に造られたようであるが、ジュンサイが採れ始めたのは明治時代になってから。実は一度、絶滅しかけたという。昭和四十年代になって水田用除草剤が普及し始めると、その水が沼に流れ込み、五年間全く採れなくなってしまったのである。心を痛めた現在の採取組合の人々がジュンサイの復活を願って、水田の水が入らないように水路をつくり、徹底的に雑草の除去を行ったところ、一九七九（昭和五十四）年から再び採れるようになった。現在、じゅんさい沼にはメダカが戯れ、さまざまな種類のトンボが群れ飛び、スイレンとコウホネが花を咲かせている。見事なジュンサイも、こうした豊かな環境あってのことなのだろう。

採取は朝八時半から夕方五時まで、小舟に乗って行われる過酷な作業である。しかし決して取りすぎることはしない。収穫したジュンサイは翌日午後二時から沼の前の直売所に並んだ人々に良心的な価格で販売される。自然の恵みのおすそ分けといった印象である。ただし、売り切れごめんであり、決してジュンサイにも過剰な負担をかけない。盛永氏の言葉を読み返す。「超有機体（人間のこと）の行う共生なるが故に、経済を閑却する事はもとより不可能であるが、本質の共生を忘れて、単に利益を収め又は金銭を獲得するものとの考へは著者の採らざる所」

収益を求めるあまり作物や環境に過剰な負荷をかけないこと。作物の品質や豊かな環境を守ること。本来の共生の姿とは何かを考えさせられた。

（江頭宏昌・山形大農学部助教授／2006年7月20日掲載）

〈主な産地〉村山市大谷地沼、川西町玉庭矢ノ沢の沼
〈名前の由来〉漢字では潤菜。透明な粘液に覆われていることによる
〈主な調理法〉酢の物、お吸い物など

オカノリ

茎が伸び始めたオカノリ

クセがなく、用途多彩な陸上のノリ。

山辺町畑谷の坊の前地区に「はたざお」という農家民宿がある。昼食メニューでオカノリという野菜の天ぷらが出されるというので、早速訪ねてみることにした。

店主の吉田テツエさん（74）によると、子どものころ住んでいた畑谷の西向ではオカノリをよく食べたが、約五十年くらい前に今の場所に嫁いできたときにはオカノリがなかった。さんざん探した結果、近くの礫石《つぶていし》地区（山形市）にオカノリがあることを知った。九年前の春、そこから種を分けてもらって現在の場所に植えて以来、再び食べることができるようになった。若いころ、オカノリ、だし昆布、ピーマンやキュウリなどを細かく刻んで、山形の郷土料理「だし」をつくって食べた味が忘れられなかったのだという。

オカノリはアオイ科ゼニアオイ属の植物。アオイ科の植物といえば、用途が実に多彩である。観賞用にはフヨウ、ムクゲ、ハイビスカスなど多くの種類があり、繊維用にはワタやケナフがある。和紙製造に用いられる「ねり」と称される糊料《こりょう》用にはトロロアオイ、食用にはオクラとこのオカノリがある。

「資源植物事典」によると、オカノリという名前は葉を火で炙《あぶ》り、もんで食すことができたり、葉をゆでると柔らかでぬめりがあってノリに似ていたりすることから、陸上のノリの意味とのこと。中国や朝鮮では今も野菜として利用されるほか、古くはその種子を葵子《きし》と称して利尿薬にも用いられた。わが国では天平時代の古文書に野菜として、平安時代の年中儀式などを記した「延喜式」には薬用として、葵子《あふひのみ》の記述があるという。

山形県ではいつごろからオカノリが利用されるようになったのか、定かではない。あちこちでオカノリのことを聞いてみたが、知らないとか、利用されてこなかったのではないかという人が多かった。しかし現在は、日本各地の種苗店がオカノリの種子を販売しているようでもある。郷土史に詳しい天童市在住の村形喜男さんによると、かつて河北町溝延地区でもオカノリを利用していた人がいて、「あれくらい重宝なものはなかった」と言っていたという。したがって、遅くとも戦後ごろには村山地方のいくつかの場所ではオカノリが利用されていたのだろう。

利用者にとっては、いったん畑にオカノリが根付くと、栽培にはほとんど手がかからず、さまざまな料理に使えるというメリットがある。毎年秋には種子が大量に実って地面に落ち、翌年の春には自然に多くの芽が出て六月から十月ごろまで若い葉を利用できる。最終的には人の背丈ほどの高さにまで成長するので収量も低くない。葉は「だし」のほか、天ぷらやおひたし、ごまあえ、汁の実、漬物や干し葉にして食すことができるうえ、種子、苗、根は薬用にもなるのである。

「はたざお」で出されたオカノリの天ぷら（右手

「はたざお」で、今日今年初めて収穫したというオカノリの天ぷらをごちそうになった。クセはなく食べやすい。打ちたての香り高い板そばともよく合う。そしてなにより、多くの「はたざお」ファンを引きつけてやまないのは、山辺町畑谷のオカノリを守ってきた吉田さんのさりげなくも温かいもてなしなのだろう。

（江頭宏昌・山形大農学部助教授／2006年6月22日掲載）

〈主な産地〉 山辺町畑谷など
〈名前の由来〉 海の海苔に似た食べ方ができることから
〈主な調理法〉 天ぷら、だし、おひたし、ごまあえ、汁の実、漬物など

佐《さ》藤《とう》錦《にしき》

収穫期を迎えた日本一有名な在来品種「佐藤錦」

全国にとどろくサクランボの王様。

今年も待ちに待ったサクランボの季節がやってきた。「山形」といえば「サクランボ」。山形県の顔である。

山形のサクランボといえば「佐藤錦」。その名は全国にとどろく。サクランボの王様である。

佐藤錦は一九一二（大正元）年、東根市在住の佐藤栄助氏が、「ナポレオン」の花のめしべに「黄玉（ガバナーウッド）」の花粉を授粉（交配）して実った果実から取った種子をまいて、育った苗木の中から選抜したものであるといわれている。両親とも外国からの導入品種ということになる。

ただし、佐藤錦という名前がつけられたのは交配から十六年もたった二八（昭和三）年のことであったという。名づけ親は育成者本人ではなくて、同市で果樹の苗木生産を手がけていた岡田東作氏。佐藤錦は生みの親と名づけ親が異なるのである。

わが国でサクランボの試植が始まったのは明治の初めといわれてい

る。幾度かの試行錯誤の後、山形県の内陸地方を中心とする地域が栽培に比較的適していることがわかってきた。明治二十年代になると生産量もしだいに増加し、県外にも出荷されるようになった。

当時栽培されていた品種は、ヨーロッパやアメリカから導入されたものがほとんどであった。昭和に入っても、缶詰原料用のナポレオンが依然として生産量の七割以上を占めていた。しかし、一方で、東根生まれの佐藤錦が生食用の品種として地元の人々に親しまれ、大切に見守られてだんだん増加してきた。やがて、缶詰用より生食用品種が重視される時代を迎えて、押しも押されぬ地位を不動のものにしたのである。

この佐藤錦、今は日本のサクランボの代表選手として全国各地で栽培されているが、わが山形県が誇るれっきとした在来品種なのである。ほかの作物にもたくさんの在来品種があるが、佐藤錦ほど有名なものはないだろう。日本一有名な在来品種、その名は佐藤錦！である。

「紅秀峰《べにしゅうほう》」は二、三年ほど前から市場に出回るようになった新顔。山形県が精魂込めて育成したオリジナル品種の一つである。実は、もう十年以上も前の九一年に登録された品種なのであるが、最近になってようやく生産量が増加してきた。

紅秀峰の母親は佐藤錦。名門佐藤錦家のニューフェースである。収穫時期は母親よりやや遅いが、甘味、うま味とも濃厚で、着色がよい。果肉がしっかりしていて輸送性もある。容姿、中身ともなかなか申し分がない。

この期待の新人、今後も県下の生産者のみなさんに大切にされて、いつの日にか佐藤錦のような立派な在来品種に育ってくれることだろう。

（平　智・山形大農学部教授／2005年6月23日掲載）

山形県生まれのニューフェース「紅秀峰」

〈主な産地〉
内陸地方
〈名前の由来〉
東根市の佐藤栄助氏が育成したことによる
〈主な調理法〉
生食が一般的

長井の〃あやめ〃

アヤメ

伊勢系

長井系

ノハナショウブ

熊本系

東京系

カキツバタ

日本産アイリスの３種（左３点）と、ハナショウブの４系統群（上４点）

独自の発展を遂げた　さまざまな色彩、紋様。

山形県では〃あやめ〃といえば、ハナショウブを指すか、あるいは、同じアイリス属に含まれるアヤメもハナショウブもカキツバタも全く区別をしないで同じものとして扱われてきたようだ。長井市には〃長井のあやめ〃を全国的に有名にしたあやめ公園がある。もちろん本物のアヤメもあるが、それはごく一部。この公園にあるほとんどすべての種が、実は正確にはハナショウブなのだ。

ハナショウブの分類上の特徴は、花びら（外花被）の基部に黄色の筋が認められることだ。この筋が、カキツバタではすっきりした白色を呈し、アヤメでは両者に認められる筋がない。代わりに、この部分には、昔の女の子がよくやった、あや取り遊びのまさにあの〃あやの目〃があるのだ。何本もの線があやの目状に交差している独特の紋様がある種がアヤメと覚えれば、忘れることがない。

長井のハナショウブは、花びら上

の黄色の筋と同時に、葉上にもハナショウブの特徴である、明瞭《めいりょう》な太い一本の葉脈が認められる。これがカキツバタでは消えてなくなり、そのため、葉先が垂れ気味になり優しい感じをかもし出している。

さて、野生のノハナショウブから発達したたくさんのハナショウブ品種群は、日本では大きく分けて、伊勢系、熊本（肥後）系、東京（江戸）系と三つの系統がよく知られている。しかし今では、長井系も加えなければこの花の歴史を語ったことにはならない。

伊勢系は三重県松阪地方を中心に発達した品種群で、草丈が低い。横から見て二等辺三角形状に花びらがやや垂れ、花びら上にはしわがあって全体的に柔らかい雰囲気だ。熊本系はかつて、肥後の細川家を中心に発達した。絢爛《けんらん》豪華がこの花の特徴だ。花そのものが大きく、内側の花びらの発達も著しい。外の花びらと区別がつかないくらいで、上からみたら花びらの間にすき間が全くない状態で重なっている。東京系は粋な江戸っ子のように、外の花びらは横に丁字状にピンと張り、相互の間にすき間があって、内側の花びらは小さく、上に立ち上がり生き生きとしている。

さて、問題の長井系であるが、この花は長井の地で古くから独自の発展を遂げたもので、野生のノハナショウブの面影を宿したまま、楕円《だえん》形の鏡のような花弁がやや垂れ気味で優雅な感じだ。それでいてその花びらの紋様、色彩は「長井小町」のように白地に細いあい色の脈がかすりのように入ったものから、「長井小紫」のように野生以上に濃い紫のもの、明るい希望を象徴する「日月」のように淡い赤みをおびたふじ色のものまで、さまざまな変異に富み、チョウが群れ飛ぶような独特の印象を与えている。

このハナショウブ、長井古種のルーツについては、長井市の柿間俊平氏が「日本花菖蒲協会会報第二十五号」よりの抜粋ということで、インターネット上で紹介されている。これによれば、飯豊山系の野生種の中から土地の人たちが選抜したのが始まり。金田勝見氏が当初の仕掛け人で、氏の伯母に当たる金田たよ女が幼少時に過ごした飯豊町萩生で、方々の旧家に植えられていたハナショウブを主人方に懇望してもらい集めたのが、現在の長井のハナショウブのもとだということだ。一九一〇（明治四十三）年ごろ、西置賜郡長井町大字宮地内に「ドンタク場」と呼ばれた小屋を造り、ハナショウブの苗を植えることでそのスタートが切られたといわれている。

（鈴木　洋・山形大農学部助教授／2006年6月8日掲載）

〈主な産地〉長井市
〈名前の由来〉――
〈開花時期〉6月

外《と》内《の》島《じま》キュウリ

筆者のオリジナル料理「口細ガレイのインフォルノ（オーブン焼き）と外内島キュウリ」

はじける、瑞々しさと鮮烈な香り。

オーナーシェフという仕事柄、毎日セカセカしている私にとって、在来野菜がある昔ながらの日本の畑の景色は安らぎだ。いろんな在来野菜とそれを守ってきてくれた生産者の方々、そして新しい味に出合うことを繰り返すうちに、私は在来野菜のとりこになってしまった。しかし後継者が往々にしていないため、その野菜たちは時々さみしそうな顔をしている。そんな野菜のこれからを考えると、不思議といろんな料理のアイデアがわき出してくるのである。

南庄内は、月山山系と越後山系の北端の山々にぐるっと囲まれている。この時期は太陽熱がこもる上に、涼しさをもたらす西風さえ海岸沿いに鎮座する高館山で封じられ、そこに水田の湿気が加わり、異様に蒸し暑くなる。

二年前のそんな夏、山形大農学部助教授で友人でもある江頭宏昌さんと、鶴岡市の外内島集落にあるうわさのキュウリに会いに行った。その日の私は前日の疲れとカンカン照りのせいか、気持ちも体もカラカラに干からびていた。頭が痛く、目の前の視界もかすんでいる最悪の体調。生産者の上野武さんの話も頭に入らない。こんな体調で来てしまって申し訳ないと思い、必死に話を聞いているそぶりをしていた。

そんな私に、上野さんが一本のキュウリを差し出してくれた。食べてみると、瑞々しい鮮烈な香りが口中に広がり、のどを潤した。顔の周りにはキュウリがはじけた香りの空気体がたちこめ、体の中と外からキュウリに包まれた私は、途端に視界が晴れて元気になってしまった。その日の一本のキュウリが私に与えてくれた体感は、忘れることができない。この生命力にあふれるキュウリの味の特徴は瑞々しさと、複雑な皮の苦味と渋味のなかに隠れているウリ系のポックリとした甘味、そこに力強い鮮烈な香りが加わり、複雑な味わいをもたらすところにある。

さあ、この特徴を最大限に生かす料理を考えてみよう。一番の武器である瑞々しさを生かすためには、パサついている食材をつかう。味の特徴である独特のほろ苦さを強調するためには、そのほろ苦さより少しおとなしめの違う性質の苦味を持つ食材を考える。すると今が旬の、小気味よいほろ苦さが身上の庄内浜の口細ガレイをパサつかせて焼いたものが浮かんでくる。

カレイを魚焼き器で水分を抜きながら弱火で焼くと、独特の心地よい苦味が強調され、うま味も増幅される。そこに外内島キュウリを載せて一緒にほおばる。最初にパサついた口細が舌の上に。一回、二回とゆっくりかみしめていくと、キュウリが口の中でつぶれて大地の水がわき出してくる。パサパサの口細ガレイの身がキュウリのパワフルな水分で潤うとともに、カレイとキュウリの苦味が相乗効果を起こして豊かな味わいをもたらす。そして何もなくなった口の中には外内島キュウリの香りが漂うという味の仕掛け。パサパサの口細が潤って元気になっていく味の様子は、まるで二年前の夏の日の外内島キュウリの畑での私のよう。

このキュウリにはこんな昔話も残っている。昔、ある暑い夏のこと。外内島の畑を、のどがカラカラの汚い身なりのお坊さん（弘法大師）が通りかかった。ちょうどキュウリをもいでいたおばあさんに所望したところ、快く一本くれた。お坊さんは大変喜んで、「これからも末永くおいしいキュウリがとれるようにしてあげる」とお札をおいて立ち去ったという。

休みの日の家族との食卓が野菜の話であたたかくなる、そんな物語付きの在来野菜料理が山形の家庭に浸透するところに、在来野菜の種が未来へと生き残っていく本当の意味があると私は思っている。

（奥田政行・アル・ケッチァーノオーナーシェフ、鶴岡市／２００５年７月21日掲載）

外内島《とのじま》キュウリ

在来野菜は、以前は地域で普通に栽培されていたものが、経済成長期における価値観の画一化や農産物の広域流通の中でその地位を市販品種に奪われつつも、地域の伝統である食文化とともに生き残っているものである。

近年では、流通技術の進歩や消費者の価値観の多様化や健康志向などにより、在来野菜の存在価値が高まっている。「だだちゃ豆」などは、以前からその価値が認識され、鮮度保持技術の発達に伴って全国的にブレークした作物である。しかし、在来作物の中には品質面で優れた部分はあるものの、一方で苦味など敬遠される部分もあり、また栽培のしやすさなどに課題を残したものも多く、そのままでは商品化が困難な作物もある。地域の郷土料理が一般の消費者にも受け入れられればよいが、そうでない場合は、それら作物の優れた部分を生かす調理方法や加工方法を工夫する必要がある。

その一例として、鶴岡市外内島地区で古くから栽培されている「外内島キュウリ」は、果実に苦味があり、そのままでは美味とはいいがたい。しかし、昨年七月二十一日付本欄でアル・ケッチァーノの奥田政行シェフが紹介した口細ガレイとの組み合わせは、その苦味が焼いたカレイの風味とよくマッチし、お互いの良さを引き出した料理となる。また、皮の柔らかさと果肉の歯ざわりの良さ、果肉の厚さに特徴があるキュウリで、山形大学の江頭宏昌先生にご案内をいただいて生産地に出向いた折、生でかじった瞬間にピクルスに適していると感じた。

ピクルスといえば、ハンバーガーなどに入っている、甘酸っぱく、香りのキツイ、果肉の柔らかいものを想像する方が多く、「ピクルスは嫌いです」と答える人が多い。私が以前、米国カリフォルニアのある農家で昼食をごちそうになった際に出されたピクルスは乳酸発酵したもので、とてもおいしいものであった。そこで外内島キュウリのサクサクとした歯ざわりを生かした、日本人好みのピクルスが作れるのではないかと考えたのである。

植物性乳酸菌を用いると、常温で三日程度で発酵させることができる。その後は漬け汁からキュウリを取り

瑞々しさが特徴の外内島キュウリ

サクサクとした、日本人好みのピクルスに。

皿に盛り付けた「外内島キュウリの乳酸発酵ピクルス」

出し、漬け汁を沸騰させ、好みのハーブで香りを付けて調味液とする。保存瓶にキュウリをすき間なくギュウギュウに詰め、作った調味液を熱いまま注いですぐにふたをし、流水で粗熱をとった後に冷蔵庫で保存すると、七日目ごろから食べられるようになる。写真はパスタの付け合わせをイメージして仕上げたもので、やさしい酸味とバジル、オレガノの香りが特徴のピクルスである。ピクルスにすることにより、苦味がかなり少なくなるが、少々苦味が残っていた方が味に深みがでて良いようだ。

（伊藤政憲・県庄内総合支庁農業技術普及課産地研究室開発研究専門員／２００６年７月６日掲載）

〈主な産地〉鶴岡市外内島地区
〈名前の由来〉外内島という地名にちなむ
〈主な調理法〉生食、塩漬、ピクルスなど

畔《くろ》藤《ふじ》キュウリ

畔藤キュウリ（ボールペンは長さ１４センチ、幅１センチ）

昔の味がよみがえる
甘味、うま味、食感。

またひとつ、農家の庭先でひっそりと存亡の機を迎えている在来野菜に出合った。白鷹町の畔藤《くろふじ》地区とその近隣で長年栽培が続けられてきた「畔藤キュウリ」である。

今回の取材でお会いしたのは、畔藤地区からほど近い同町広野に住む新野惣司さん（75）である。新野さんは一九七〇（昭和四十五）年に畔藤キュウリ保存会を結成したが、会員が会長の新野さん一人だけになってしまった今も、その保存に力を注いでいる。現在、畔藤キュウリの栽培者は近隣の農家二～三軒、四～五人しかおらず、採種や育苗の技術を持っているのは新野さんだけである。

かつてこの地域ではどの農家も、キュウリといえば畔藤キュウリを栽培していたという。最近のキュウリは節成り性で、各節（葉の付け根）に雌花が付いて果実が成るため収量が上がるが、畔藤キュウリは大部分の株が飛節《とびふし》成《な》り性であるために果実がまばらにしか付かず、収量は低い。短日性で黒イボ、果実の長さは三十～三十五センチと大きい。昭和三十年代から収量性が高く、長日性、白イボで長さ二十センチ程度とサイズもコンパクトなキュウリ（いわゆる短系）が流行しはじめた。当時、畔藤キュウリが一本五十銭、短系キュウリは一本四円と、畔藤キュウリの値が八分の一になったこともあった。そうして六五（同四十）年、ついに畔藤キュウリは市場から完全に姿を消すことになったのである。

新野さんも五四（同二十九）年から短系キュウリに切り替えて、一度は畔藤キュウリを手放してしまった。しかし、再び新野さんの手に種が戻ってきたとき、地域の歴史と文化を伝える畔藤キュウリはやはり絶やしてはならないと心に決め、六三（同三十八）年に栽培を再開して保存に乗り出したのだという。

もぎたての畔藤キュウリを生のままかじってみた。直径が三センチあまりと細めで種子の部屋も小さいので、食べやすい。昔のキュウリらしいしっかりとした甘味とうま味があった。また皮が薄く過度の水っぽさもないので、口の中でシャリシャリと崩れていく今のキュウリにはない独特の食感が魅力的。漬物にしても美味とのこと。

畔藤キュウリのルーツはおそらく明治以前、畔藤地区の篤農家佐藤栄六、川井および岡野が伊勢参りの途中、東海道中で泊まったどこかの宿で種子と育苗技術を得てきたものである。その種子は門外不出にして、同地域の親せき、知人内だけで大切に保存されてきた。しかし現在、畔藤キュウリは時代の流れとともに栽培者、流通業者、飲食店からも顧みられなくなり、いつ消滅するかもしれない危機に立たされている。

新野さんは二〇〇一年、畔藤キュウリの種子を、その由来と歴史、育種、上手な栽培法について書いた三枚のメモとともに、霞城セントラル（山形市）のタイムカプセルに埋めた。百年後の開封時まで、栽培は続けられているだろうか。もし消滅しているとすれば、今まさに未来の人々に向けて畔藤キュウリの存在を伝えようとしている新野さんの熱いメッセージは、百年後の人々にどんな思いを抱かせるのだろう。地域の宝物である畔藤キュウリの魅力を再認識して、地元で何とか栽培を続けていってほしいと祈るばかりである。

（江頭宏昌・山形大農学部助教授／2005年7月7日掲載）

採種用に完熟させた果実

〈主な産地〉白鷹町畔藤《くろふじ》地区
〈名前の由来〉畔藤の地名に由来
〈主な調理法〉生食など

與《よ》治《じ》兵《べ》衛《え》キュウリ

與治兵衛キュウリで作った精霊《しょうりょう》馬。耳はナンテンの葉、尾はススキ、足はカヤでできている

みずみずしく
味も香りも濃厚。

鶴岡市にある産直店「あさひグー」に立ち寄ったところ、販売PRを兼ねたお盆飾りの華やかな絵が目に入った。先祖を迎える馬と牛が向かい合わせに描かれている。体はキュウリとナス。尋ねると、鶴岡市温海地域槙代出身の女性が描いたものとのこと。

おもしろいと思ったのは、馬の耳がナンテンの葉、尾はトウモロコシの毛（めしべ）、足はヤナギの枝。牛の方は足と尾が馬と同じ、耳がエダマメ、おなかにはコンブの腹巻き。地域によって馬と牛の胴体以外の材料が少しずつ違うと聞いた。祖先の霊を迎える方法にも地域らしさがあるということか。何とも愛らしい馬と牛の絵にくぎ付けになってしまった。

少し前置きが長くなったが、盆飾りの馬の体に昔から用いられてきた在来のキュウリがあると聞いて、槙代にほど近い鶴岡市温海地域小国の五十嵐孝昭さんを訪ねた。そのキュウリの名を與治兵衛キュウリという。

かつて小国地区は養蚕が盛んであった。大正時代の初めころ、孝昭さんの本家・與治兵衛家に、温海地域峠ノ山から婿が来た。その人が、養蚕と桑の栽培法に関する先進的な技術を学ぶために、新潟県の村上へ通った。そこで珍しいキュウリの種をもらい受け、代々門外不出のキュウリとして大切に伝えてきたものなのだという。

七月はじめに播種《はしゅ》、二週間後に定植すると、八月上旬に実がなり始める。この果実を盆飾りの馬に使うそうである。このキュウリは長さ二十センチ余り、太さ七センチ程度、半白で白イボである。雌花はまばらにしかつかないため、収量は必ずしも多くない。近年某ビールメーカーの宣伝で一躍有名になった、金沢市在来の「加賀太《かがぶと》」に似ており、それから派生したと考えられている富山県高岡市在来の「どっこ」にはさらに酷似している。

一方、採種用には株で最初に着果した形の良い果実を選んで使う。果実が自然につるから落ちるくらいまで完熟させると、果実表面は黄色みを帯びた白色を呈し、長さは三十センチ程度、ビールびんの太い部分くらいの大きさと形になる。その中から茶色みを帯びた良い種子が採れる。

青葉高著「野菜」によると、「加賀太」や「どっこ」はかつて東北、北海道で広く栽培されてきたシベリア種と関連のある品種である。酒田（鶏渡川原）キュウリなど大部分のシベリア種では、完熟果実の表面に網目が現れるのに対し、「加賀太」にはない。與治兵衛キュウリは同様に網目がないことから、シベリア種のなかでも「加賀太」に近い系統であろうと推測できる。

食べてみると、つる首付近に少し苦味があるが、非常にみずみずしく味も香りも濃厚でおいしいキュウリである。置き漬けにすると、果肉がやせてしまうことから、生食用途に適するようである。もろみや味噌《みそ》をつけて食べたり、なますやサラダにもする。小国地区では、味噌を氷水で溶き、キュウリの薄切りを浮かべた夏の伝統料理「冷や汁」にしても食べる。

與治兵衛キュウリは遠い昔、シベリア方面からわが国の北陸地方に渡来し、村上経由で鶴岡市小国に根付いた貴重な系統であると考えられる。「先祖から伝わるこのキュウリが絶えないように小国の文化として伝えていきたい」。孝昭さんが力強く、静かに語った。

（江頭宏昌・山形大農学部助教授／2006年8月17日掲載）

〈主な産地〉鶴岡市温海地域小国
〈名前の由来〉大正時代、五十嵐與治兵衛家が種をもらい受けたことによる
〈主な調理法〉なます、サラダ、冷や汁など

民《みん》田《でん》ナス

漬物用の小型丸ナス３品種。左から山形系梵天丸、薄皮丸ナス、民田ナス

果肉がしっかりした
漬物に最適の小型丸ナス。

ナスは原産地のインド東部(推定)から古い時代に中国を経由して渡来した、わが国で最も古い野菜の一つで、奈良時代に好んで食用にされ、漬物もあったことが正倉院文書（八世紀）の記述からうかがえる。江戸時代にはすでに果形、サイズ、色、早晩生の異なる多数の品種が各地に存在していた。

ナスの在来品種は一九五〇（昭和二十五）年の調査では全国で約百五十品種もあったが、その後一代雑種品種が次第に増えて、各地で在来品種にとって代わり、七六年の調査では在来品種数は六十七にまで減少した。しかし、ナスには消費地ごとに果形、サイズ、色などに対して特定の好みがあるようで、特定の在来品種の栽培・利用が今も続いている土地が多い。

県内でも、江戸時代から現在まで栽培・利用が続いている、民田ナス（鶴岡市民田とその近辺）や窪田ナス（米沢市窪田とその近辺）がある。

両ナスとも漬物用の小型の丸ナスで品質のよいことで知られているが、特に民田ナスは〇八（明治四十一）年に東京で開催された蔬菜《そさい》展覧会に出品されて表彰を受けて以来、多くの野菜研究者に注目され、大正・昭和の多くの園芸書に記載された結果、広く知られるようになった。

　民田ナスの名称は東田川郡黄金村（現鶴岡市）民田の地名に由来している。来歴ははっきりしないが、文献の記録から江戸時代の初期あるいはそれ以前から栽培されていたと推定される。以前は庄内の主力品種で、七〇年代には栽培面積が約五十ヘクタールあったが、二〇〇〇年には鶴岡市と周辺町村の約五ヘクタールになり、最近は三ヘクタール余で、栽培は減少傾向にある。減少傾向は窪田ナスも同様で、現在は一ヘクタール程度にまで減少している。

　民田ナス、窪田ナスに代わって栽培が増加しているのは薄皮丸ナスや山形系梵天丸などである。薄皮丸ナスは窪田ナスから選抜改良されたものと推測されており、山形系梵天丸も窪田ナスの改良を目的として、民田ナス、窪田ナスや千両ナスなどを育種親にして育成された一代雑種である。なお、薄皮丸ナス、山形系梵天丸は小さい果実が漬けナス用として、大きい果実が煮ナス用として販売されているが、民田ナスの販売は漬けナス用（一部、砂糖で漬け込む菓子の原料用）だけである。

　民田ナスの栽培で昔から重要視されている作業に、果実が堅くなるのを避けるために収穫期間中、天候にもよるが日に一、二回灌水《かんすい》し、土壌水分を適正に保つことがある。また一個の果重が十〜十五グラム程度の小さいものが漬けナスに適していて、収穫が一日遅れると規格外になるので、毎日収穫されている。

　地元で青果としての需要が多いのは夏季の浅漬け用であるが、民田ナスは薄皮丸ナス、山形系梵天丸に比べると果実が堅い。浅漬けにしたものは、好みにもよるが今の人には堅すぎるきらいがある。このことが栽培・利用が減少している原因の一つとみられているが、果皮が堅く、果肉がしっかりしていることは、古漬けのからし漬けやみそ漬けにした場合に、ほかの小ナス品種に比べて果実がつぶれにくい良品質の漬物を生み出す結果になる。民田ナスのからし漬けは、庄内の名産として昔から定評がある。

民田ナス

（高樹英明・山形大農学部教授／2005年8月4日掲載）

〈主な産地〉鶴岡市民田とその周辺
〈名前の由来〉民田の地名に由来
〈主な調理法〉漬けナス（からし漬け、みそ漬けなど）

高《こう》豆《ず》蔻《く》ウリ

しっかり漬かってあめ色になった粕漬け

肉質のしまりがよく漬物にしてもよい食感。

川西町高豆蔻《こうずく》地区に、粕《かす》漬けの原料として利用されてきた在来のウリ、高豆蔻ウリがあるという。今回、川西町役場産業創造室の佐々木雅彦さんと県置賜総合支庁農業技術普及課の千葉更索さんらのはからいで、高豆蔻漬物組合代表の大河原健子さん（61）を訪れることができた。

高豆蔻ウリは俵形で、身が厚く、肉質のしまりがよいので、漬物にしても食感が良いのが特徴という。出された漬物は歯ざわりよく、美味であった。暑い盛り、みじん切りにして熱いご飯にのせ、冷たい麦茶でもかけて食べたら、幸せなひとときが持てそうな、しっかりした味である。

ちなみに高豆蔻ウリはシロウリの一種。青葉高著『日本の野菜』によると、シロウリは果実が成熟しても糖を蓄積せず甘くならないメロン類の変種で、中国南部で成立したと考えられている。シロウリの名は果実色に由来するが、メロンのような軟化がないのでカタウリという別名もある。

粕漬けの文化と酒蔵の関係は切り離せないだろう。川西町には江戸時代から大正時代にかけて開業した酒蔵が四つある。健子さんによると「高豆蔻あたりでは古くから各家で主に自家用に粕漬けを作る習慣があった」という。高豆蔻ウリ栽培の歴史について、ご主人の東一さん（62）は「詳細は分からない。少なくとも親の代にはあったから四十〜五十年以上にはなる。でも（ここの粕漬けの伝統の深さと広がりを考えると）ざっと百年くらいの歴史はあるのでは」と語る。

　そもそも組合は、むらづくり補助金事業により一九八五（昭和六十）年に設立され、それまで自家用だった粕漬けを商品化しようと取り組んだ。デパート進出にも挑戦したが、諸事情で断念。口コミと直売で販路を確保し、現在は六軒の組合農家がおのおの四アール前後の作付けを行い、栽培・加工に取り組んでいる。現在の担い手は全員六十歳代であるのに、後継者がいない心配な状況にある。

　粕漬けの作り方を聞き、その丁寧さとぜいたくさに驚いた。果実を二つに縦割りし、中の種子を除いて下処理を行っておく。そのウリを一般的には塩だけで漬けるところ、はじめに塩分濃度を高く調整した古い酒粕に約一カ月ほど漬け込む。古い酒粕を使うことで味のしみこみと色づきを早める効果があるという。つぎから本漬けを三回行う。一カ月ごとの漬け換えのたびに新しい酒粕を砂糖を加えながら惜しげもなく使う。この酒粕にウリの塩分が抜けていき、同時に酒粕から甘味やうま味などがウリにしみこんでいく。漬け込みはすべて常温で行う。一年以上日持ちはするが、漬け込んだ年の十二月から翌春先ころまでが特に食べごろ。そのころは色も美しいが、粕漬けでありながらウリの香りが生きていて、さらに美味なのだという。

　四月末ころに播種《はしゅ》、五月下旬に定植し、収穫は六月下旬から七月末ころまで。漬け込みは収穫後順次行われる。昨年は五月下旬に雹《ひょう》の被害に遭い、今年は収穫の時期になって長雨で根が弱り、葉に病気が発生して、早々に枯れあがってしまった。そのため収穫量が大幅に減り、今年は契約と予約分ですでに品切れ状態になってしまった。来年の豊作を祈るしかないが、山形おきたま観光協議会が昨年から企画した「上杉鷹山公婚礼祝膳」なるメニューの中では、今年もこのウリを使った粕漬けが味わえるようである。

　近い将来、高豆蔻ウリの最高の味にほれ込んでくれる栽培後継者が現れ、川西町高豆蔻の伝統の味が地域の誇りとともに次世代へと受け継がれていくことを祈りたい。

（江頭宏昌・山形大農学部助教授／2006年8月3日掲載）

〈主な産地〉川西町高豆蔻地区
〈名前の由来〉高豆蔻の地名に由来
〈主な調理法〉粕漬け

だだちゃ豆

だだちゃ豆を使った鶴岡の伝統料理

夏と切り離せない
在来野菜の横綱。

だだちゃ豆は、庄内地方の鶴岡市を中心に栽培されている、おいしいエダマメである。

庄内地方は、自然に恵まれ、山海の幸が豊富で、また昔から栽培されていた在来野菜が数多く残っている、食材の豊かなところである。鶴岡市民は、だだちゃ豆の取れる七月から九月までの二カ月間は、毎日のようにだだちゃ豆を食べ、いわゆる「地産地消」が行われている。ビールのおつまみとしてはもちろんであるが、ご飯をひかえ、一人でざる一杯食べる主食的な食べ方をしている人も多くいる。また、「今年のだだちゃ豆は甘味が強い」「香りが少ない」などと食味評価しながら食べている。

市民の食に関する嗜好《しこう》は旬の料理、四季折々の新鮮な素材をそのまま生かして食べる単純で奥の深い料理が多く、手の込んだ料理はあまり好まれてはいない。だだちゃ豆に関しても同じことが言える。ほとんどはゆでて食べ、おいしいゆで方などがいろいろ試みられている。ゆでて食べる以外は「枝豆ご飯」「枝豆のみそ汁」などの伝統的食べ方はあるが、種類は多くない。

庄内地方の豊かな自然環境、豊かな食文化の中で数多くの「だだちゃ豆」の系統が生まれてきた。

だだちゃ豆は糖やアミノ酸が多いおいしいエダマメというだけでなく、庄内地方の食習慣として夏の生活に切り離せない在来野菜の横綱である。江戸時代に越後から庄内に入ってきたエダマメと思われるが、そのエダマメを鶴岡旧市外の農家、または旧市内の畑を持っている住民が、優良な突然変異株、自然交雑種を発見して、選抜し育成してきたものである。

旧市外の農家には「小真木だだちゃ」の太田孝太や「白山だだちゃ」の森屋初をあげることができる。

太田孝太は、父親の五十嵐助右衛門が育成した「八里半どう豆」というエダマメを改良して、さらにおいしいエダマメを作った。森屋初は一九〇七（明治四十）年、長女藤乃の嫁ぎ先の小池助右衛門から「娘茶豆」というエダマメの種子をもらい栽培したところ、「娘茶豆」より遅く取れて味のよい突然変異株を一株見いだした。その種子を取って選抜を繰り返し、一〇年に「藤十郎だだちゃ」を育成し、後の白山だだちゃの誕生となる。その種子は集落内の各農家で栽培され、自家採種・選抜されて白山だだちゃ系統のだだちゃ豆が育成された。

旧市内の住民には「平田豆」の平田家と、赤沢家をあげることができる。

「平田豆」は鶴岡の素封家平田家が栽培し選抜してきただだちゃ豆である。おいしいエダマメとして「白山だだちゃ」と比較され、話題になる。「平田豆」は「白山だだちゃ」とほぼ同じものだと言われているが、今はその系統は絶滅し、食べることはできない。現存する「平田豆」は、花色は紫（白山は白色）で、味も「白山だだちゃ」と比較して劣る。

「赤沢豆」には「紫だだちゃ」と「彼岸青」がある。ＪＡ鶴岡の商標上「だだちゃ豆」と呼ぶことができる十系統の中に入っている「尾浦」は「紫だだちゃ」を大野博氏が晩生品種として改良した品種である。

それ以外にも多くの人が優良な変異株などを発見し、自家採種・選抜を繰り返し、今日ある系統が生まれてきたものであろう。筆者が収集しただだちゃ豆は約四十種ある。エダマメの品種には同名異種、異名同種があり、真の系統数は分からない。しかし、現在も形質が異なるだだちゃ豆系統は二十系統はあると思われる。

これらの系統もしだいに絶滅することが懸念される。現存するだだちゃ豆は先人たちが残した貴重な文化遺産である。この文化の味を次の代まで守り引き継いでいくための方法を模索しなければならない。

（赤澤經也・山形大学農学部助教授／2006年8月31日掲載）

だだちゃ豆

私の庄内デビューは、悲惨なものであった。

六年前の十月一日、東京第一ホテル鶴岡の総料理長として着任し「古庄シェフの料理を味わう会」を企画してもらった。その時、メニューの中に「だだちゃ豆のスープ」を組み入れ提供したところ「このスープは本物ではない」との厳しい声があがった。「おいしくないのか」と聞くと「枝豆のスープと書いてあるなら満点だが、だだちゃ豆の味も香りもしない」と、不満げに言われた。

山形県に来る前に本で調べたら【だだちゃ豆とは、味も香りもよくおいしい枝豆】と書いてあった。おいしい枝豆のスープを作れば喜んでもらえると思ったが、評価は最悪だった。

正直なところ、本物のだだちゃ豆は食べたことがなかった。地元の人は全国ブランドになったと言っているが、私のようにだだちゃ豆を知らない人がまだ、大勢いると思う。

翌年の八月中旬、生産者より旬のだだちゃ豆をいただいた。ゆでて食べてみたら味も香りもよく、今までに食べたことのないおいしい枝豆であった。知らなかったとはいえ、スープにだだちゃ豆の名前を使ってしまったことが恥ずかしかった。

名誉挽回《ばんかい》のため、着任時の賞味会参加者にもう一度来ていただき、本物のだだちゃ豆を使ったスープを食べてもらった。今度は「これなら合格！　とってもおいしい」と満点の評価をいただいた。

だだちゃ豆スープをおいしく作るコツは、ジャガ芋七、だだちゃ豆一の割合にすることだ。だだちゃ豆を入れすぎたり、豆だけで作ろうとすると、味がしつこくなりすぎておいしくできない。

だだちゃ豆を買い求める客でにぎわう直売所（鶴岡市白山）

鍋にオリーブオイルを入れ、玉ネギの薄切りを入れていためる。ジャガ芋の薄切りを加え、分量の豆を加える。この時薄皮は付いたままの方が香りよく仕上がる。出汁を加えミキサーにかけたらこす。火にかけ牛乳・生クリームで濃度を調整し、塩こしょうで味を調える。

もう一つの作り方は、ジャガ芋スープの中に、細かくミキサーにかけた枝豆を加えて仕上げるやり方だ。このやり方のほうが、緑色は鮮やかになる。

ＪＡ鶴岡から販売中の「殿様のだだちゃ豆スープ」は、このような試

だだちゃ豆の美味しさを存分に引き出したスープ。

筆者が作っただだちゃ豆のスープ

作を繰り返し、三年がかりで開発したものだ。常温でも置いておけるレトルトパックで何度か試作を繰り返したが、色や味に納得できず、まだ冷凍での販売しかできていない。スープもおいしいが、だだちゃ豆は畑から取れたてをさっと湯がき温かいうちに食べるのが、一番おいしい。

近い将来、庄内の在来野菜を使ったさまざまなスープ開発を手掛けることにしている。また、庄内米を使ったリゾット、ピラフや、さらに野菜を生地に練りこんだ七色のピザ「クレヨンピザ」を商品化する予定だ。

（古庄　浩・東京第一ホテル鶴岡総料理長／2005年8月18日掲載）

〈主な産地〉鶴岡市が中心
〈名前の由来〉「だだちゃ」は家長を意味する庄内弁。明治時代、鶴岡の殿様が「小真木地区に住むだだちゃの豆を食いたい」と言ったことにちなむという説が有力
〈主な調理法〉ゆで豆、枝豆ごはん、枝豆のみそ汁、スープ

漆野《うるしの》インゲン

漆野インゲンの甘煮

煮姿も美しく
味には底知れぬ可能性。

インゲンマメといえば、筆者の子どものころは家で煮豆をつくって日常的によく食べた記憶があるが、ここ十数年くらいほとんど食べていないような気がする。煮るのに時間がかかる豆類は、忙しい人々の日常からしだいに消えようとしているのであろうか。青葉高著「北国の野菜風土誌」（一九七六年）によると、当時庄内地方だけでインゲンマメが三十三品種数えられたという。しかし現在、その大半は消滅してしまったようで、なかなか在来のインゲンマメにお目にかかることはない。

ピンとこない人のために少し解説を。インゲンマメはアズキと同様、タンパク質に加えてデンプンを多く含むので、昔から餡《あん》、煮豆、きんとん、甘納豆など、主に和菓子類に用いられてきた。代表的品種に「金時」があり、甘納豆の原料としてあまりに有名である。拓殖大教授を務めた故相馬暁氏によると、かつてこの豆で作ったかき氷を金時といったが、現在では代わりにアズキの粒あんを用いるようになったとのこと。

　八月はお盆の少し前、県最上総合支庁のはからいで、金山町漆野の荒木タツ子さん（63）を訪問する機会に恵まれた。おじゃますると、窓際の床の新聞紙に収穫して干された漆野インゲンの白い莢《さや》が目に入った。「少し早めに収穫して干すのが莢をきれいに保つコツなんです。ほら、干すとこのようにしわが出てくるでしょう。干してもしわのない莢は本来の漆野インゲンとは違います。種豆は、しわの出る莢から採るようにしています。木の上で完熟・乾燥させて収穫するより、莢が白く変わるこのくらいの早い時期に収穫した方が、よりよい状態で保存できるようです」。こうした一つ一つの話から、タツ子さんの思い入れが伝わってくる。

　一九三九（昭和十四）年、村山地方から来た炭の検査員がインゲンの種子を荒木家に寄贈していったのが、漆野インゲンの始まりであるという。しかし現在、村山地方には漆野インゲンのようなインゲンは見あたらないので、由来は不明のままである。栽培は、タツ子さんのご主人の母クニさんから始まり、タツ子さん、嫁の清子さんと三代にわたって守り継がれており、種子を維持しているのは荒木家のみである。

　長いつるを持たない手芒《てぼう》類に近いと考えられ、草丈は六十センチ前後。播種《はしゅ》の時期は霜害の心配がなくなる五月十日すぎごろで、子実用途の収穫は八月上旬から下旬とのこと。インゲンマメは味の点から煮豆用とサヤインゲン用とで品種が異なるのがふつうであるが、漆野インゲンは両方に利用できるすばらしい系統である。

　完熟しても莢の筋が軟らかいので、煮ると莢ごと子実をおいしく食べることができるのが大きな特徴。しかも煮ると莢は透明になり、中の茶色の子実が涼しげに見える。その煮姿が何とも美しいのである。

　莢ごと甘煮にした漆野インゲンをごちそうになった。莢の中から出てくる子実一粒一粒はぬれ甘納豆のごとく軟らかく美味で、それを包む透明の莢は全く筋っぽさがなく、しっとりと軟らかい和菓子の食感であった。しかもこの乾燥させた莢と子実は保存がきくので、年中食べることができるというのも大きな魅力である。甘煮のみならず、そのまま和菓子に利用してはどうか、洋食のデザートにもつかえるのではないか。同席した人々とともに漆野インゲンの底知れぬ可能性を感じながら、茶飲み話に花が咲いた。タツ子さんたちは今後も栽培や利用の仕方を工夫しながら、漆野インゲンを守っていきたいとのことである。

（江頭宏昌・山形大農学部助教授／2005年9月1日掲載）

〈主な産地〉金山町漆野
〈名前の由来〉漆野の地名に起因
〈主な調理法〉甘煮など

ライマメ

庄内地方で栽培されている小粒種のライマメ

マメ類の中で最も美味といわれる文化遺産。

鶴岡市周辺で昔から栽培されている在来作物の一つに、ライマメがある。ソラマメをつぶしたような形の平たい豆である。若莢《わかざや》は野菜として、完熟豆は煮豆として、また白色系の豆は、白あんの原料にも利用されている。

ライマメはインゲンマメの仲間で、アメリカ大陸を原産とするマメ科の作物である。草丈はつる性品種で四メートルになり、つるなしの矮性《わいせい》品種は六十センチ以下である。豆の大きさは大粒種で約二十五ミリ、小粒種で約十五ミリ。種実表面の色は白、クリーム、褐色、紫で、それらの斑紋種もある。

庄内地方でもライマメという名を知っている人は少なく、栽培している当人でさえ知らないことが多い。たいていは白ササギ、またはテンピンマメと呼んでいる。南米ペルーの首都、リマにちなんで、リマビーン、ライマビーン、ライママメ、ライマメと言われている、ほかにバタービーン、シュガービーンとも呼ばれ、葵《あおい》豆という日本名もある。

江戸末期にわが国に渡来し、明治初期に庄内地方へ導入され栽培されてきたものと思われる。しかし、ほとんどは日本の風土に適応せず、県内では庄内と置賜地方だけ馴化《じゅんか》し栽培されてきた。一九九二年ごろ、小国町の基督教独立学園高のバザーで食用に販売していた白色の大粒種を購入した。近くの農家で昔から自家採種して栽培してきた豆だと聞いた。その後の栽培状況を地元の人に調べてもらったが、今はすでに消滅し痕跡すら残してはいないという。

一方、庄内地方では白色の大粒種と小粒種がかつては栽培されていた。私が勤務している山形大学農学部付属農場（鶴岡市高坂）周辺でも、十数年前までは両種が普通に栽培されていた。今では大粒種は消滅し、小粒種だけ二、三戸の農家が自家用に栽培しているのみである。

ライマメ十系統を米国から導入し、東京・世田谷と鶴岡（付属農場）で同一の栽培条件で試作したことがある。東京で栽培したものには全く豆は付かなかった。鶴岡では花は咲いても豆が全くできない系統や株などもあったが、たくさん豆を付ける株なども見られ、多く付ける系統が庄内地方に定着したものと考えられる。

ライマメはマメ類の中で最も美味といわれ、世界各国でさまざまな料理の食材として用いられてきた。庄内地方では若莢は食べず、完熟した豆を甘く煮るのが一般的な食べ方である。インゲンマメと比べて皮が薄く、おいしい豆である。未熟の豆は枝豆と同様、ゆでて食べると甘いという。シュガービーンと呼ばれる理由である。しかし、実際に未熟の豆をゆでてみたが甘くなく、おいしくもなかった。

庄内地方に馴化したものはおいしくない系統であるとも考えられる。枝豆においしいだだちゃ豆があるように、ライマメにもシュガービーンと言われるおいしい系統があるのではないかと推察される。

これらのライマメは、先人たちが残した貴重な文化遺産である。煮豆だけでなく、幅広い利用方法を考えることによってのみ、絶滅を免れることができる。

（赤澤經也・山形大農学部助手／2005年9月15日掲載）

〈主な産地〉
鶴岡市周辺
〈名前の由来〉
南米ペルーの首都・リマにちなんでいる
〈主な調理法〉
甘煮、白あんの原料など

上から順に、山形県鶴岡市在来の小粒種、現在絶滅した山形県置賜地域在来の大粒種、それより下は外国種

エゴマ

香りのよいエゴマ入りのかいもち（そばがき）のたれ

さわやかな風味と香り、健康面にも期待大。

エゴマはシソと同一種で、種子を主に利用する一年生作物である。種皮色には灰白色や灰黒色、茶色などの変異がある。種子をかむとエゴマ特有のさわやかな香りがある。その種子は40％前後の油を含む。その油は、体脂肪になりにくく健康によいといわれるα－リノレン酸が主成分である。エゴマは、中国、韓国、日本など、主に東アジアで古くから利用されてきたが、日本では忘れ去られようとしている作物の一つである。

青葉高著「野菜」によると、エゴマは平安時代の文献にも登場し、古名は荏《え》、搾った油は荏油《えのあぶら》と呼ばれた。ナタネが多く栽培されるようになった十七世紀ころまで、わが国の第一の油用作物として重視されたとある。種子自体が食用になるのに加え、種子を搾って得られる油は、食用はじめ、灯籠《とうろう》やちょうちんの燃料、揮発すると油膜を作る性質を利用して油紙、和傘、布などの防水加工、建築家具の塗料など、じつに広範な用途に利用されてきた。

　西川町沼山の荒木重蔵・ゆき子さん夫妻によると、昔は「つぶあぶら」とも呼び、たいていの家で栽培されたという。種子をほうろくで軽くはじけるくらいに煎《い》って、すり鉢ですり砕いたものをさまざまな料理に用いる。かいもち（そばがき）のつけだれはエゴマのおいしさが引き立つメニューの一つ。ササゲやウドのあえ物、赤飯などにエゴマを用いると、ゴマとは異なる風味がおいしいという。ゆき子さんの話では、漆にかぶれたとき、エゴマを布に包んで上からつぶし、その布で患部をこするとかぶれを抑える効果があるそうである。

　日本エゴマの会のホームページ（HP）を見ると、エゴマは健康ブームに乗って見直されつつあり、全国の栽培面積は二百ヘクタール（二〇〇五年）。同HPにはさまざまな観点から美容と健康に良いことをうたっている。特にエゴマに多く含まれるα−リノレン酸と、ポリフェノールでフラボノイドの一種であるルテオリンには、生活習慣病の予防やアレルギー症状を改善するなどの効果が期待できるとのこと。

　県内には西川町以外でも、河北町、山辺町、白鷹町、遊佐町、戸沢村などの栽培地がある。その中でも戸沢村の栽培面積は三ヘクタールと大きく、産直店「とざわ農楽市」には地域特産品としてエゴマの商品が多く並ぶ。

　戸沢村エゴマの会（会員四十五人）会長の矢口浩さんによると、かつてエゴマ栽培が一般的であった同村でも、一時は消滅した。栽培を再開するにあたり、先進地である福島県や岩手県に視察に行き、種子は役場を通じて入手。その結果、村のエゴマはみごとに地域特産品になった。矢口さんの畑で六月十日に播種《はしゅ》したエゴマの収穫は、十月二十日すぎを予定している。

　そもそも矢口さんがエゴマに関心を抱いたきっかけは、自分と村の人々の健康増進を考えたことだった。矢口さんは毎日食べて、以前より体が軽くなったという。葉をお茶にして飲んだ知人の血圧が、一七〇から一二五まで下がったとも聞く。矢口さんの目下の目標は、地元で栽培したエゴマを学校給食で子どもたちに食べてもらえるようにすること。エゴマのさわやかな風味は、きっと子どもたちの成長とともに故郷の味として記憶に刻まれることだろう。

（江頭宏昌・山形大農学部助教授／2006年9月28日掲載）

〈主な産地〉西川町、河北町、山辺町、白鷹町、遊佐町、戸沢村など
〈名前の由来〉不明
〈主な調理法〉食用油、かいもちのつけだれ、あえ物、赤飯など

谷《や》沢《さわ》梅《うめ》

天日干しの様子。太陽の力で成分の濃縮がはじまった

これぞ自然食品！
やや小ぶりな梅干し専用品種。

寒河江市のいちばん西川町よりに、谷《や》沢《さわ》という集落がある。旧街道沿いに長く延びる落ち着いた雰囲気の集落だ。

　このあたりに古くからある梅の在来品種、それが「谷沢梅」である。谷沢梅は現在、わが国で多く栽培されている「白加賀《しらかが》」や「南高《なんこう》」などに比べると、果実はやや小ぶりで、梅干し専用の品種として利用されてきた。

　同地区で谷沢梅の栽培と梅干しの製造を長く続けている早坂清志さん(75)ご夫妻の話によると、明治の終わりころにはすでにかなり古い木があったらしい。少なくとも早坂さんが子供のころには、百年を超えるような古樹が集落のあちらこちらにあったという。現在も同地区内には相当な樹齢の木が散見されるが、来歴などを示す資料は残っていないようである。

　見たところ谷沢梅はかなりの豊産性で、このあたりの土地によく適応している品種のようである。最近ではこの地域の特産果樹としても見直され、栽培面積も少しずつではあるが増加しているという。

　伝統的な谷沢梅の梅干し製造法の特徴は、なんといっても天日干しを二回行うことだろう。

　早朝から収穫した果実は流水で何回もていねいに洗って汚れを取り、その日のうちに漬け込む。すぐに漬けずに一晩でも放置すると、果実の黄化や軟化が始まってよくないという。

　十日ほど漬けたら樽《たる》から取り出して一回目の天日干しをする。すだれの上にまんべんなく広げて三日三晩干す。夜間も干し続けた方が仕上がりがいいという。途中で一つ一つていねいに裏返す。そうしないと漬け上がりのときに色むらが出るのだ。今はビニールを張って雨よけをしているが、以前は雨が降るたびに取り込んではまた広げていたという。

　一回目の天日干しが終わったら、塩もみしたシソの葉といっしょにまた十日から二週間ほど漬け込む。その後再び取り出して、二回目の天日干しである。

　太陽のエネルギーが谷沢梅のうま味成分を濃縮してくれる。二回にわたる天日干しによって色はより濃く仕上がり、梅干し独特の風味も増すという。

　再び樽にもどしてさらに半月以上漬け込む。九月に入ったころ、やっと本当の谷沢梅の味になるという。収穫してから二カ月間もかかる長丁場の梅干し作りである。

1回目の天日干しの様子。1個ずつていねいに裏返す

よく実った谷沢梅の果実。豊産性である

　今年は春先の低温のせいで開花が遅れ、その後も天候不順が続いて出来具合が心配されたが、仕上がりはまずまずのようだ。自然条件のもとで長年培われた製造技術ならではの成果なのだろう。

「毎年楽しみに待っていてくれる人がいる。谷沢梅の梅干し作りの伝統をなんとか守っていきたい」

　早坂さんのことばは力強かった。

（平　智・山形大農学部教授／2006年9月14日掲載）

〈主な産地〉寒河江市谷沢集落
〈名前の由来〉谷沢の地名による
〈主な調理法〉梅干し

ヤマブドウ

収穫時期を迎えたヤマブドウ（鶴岡市・山形大農学部付属農場）

安定生産を目指して30年以上もの試行錯誤。

鶴岡市朝日地区（旧朝日村）は、特産品の一つであるヤマブドウの収穫時期を迎えている。平年なら九月末ごろが最盛期であるが、今年は春の到来が遅かったせいか少々遅れているようだ。

ヤマブドウはもともと北海道から本州、四国地方に自生する野生ブドウの一種である。山形県内では月山山系などに、以前ほどではないが比較的多く分布している。

ヤマブドウがほかのブドウの栽培品種と一番大きく異なる点は、雌雄異株（雌の木と雄の木が別々）であることだ。ブドウは種なし品種でない限り、受精して種ができないと実が大きくならない。ヤマブドウもこの例外ではなく、結実するためには種子ができなければならない。つまり、雌の木の花の雌しべに雄の木の花粉がくっつく必要がある。

同地区のヤマブドウ栽培の歴史は長く、三十年以上にもなると聞いている。その間、じつにさまざまな試行錯誤があったらしい。

野生状態にあったブドウを山から畑に降ろしてきた当初は、雄の木がそばにあってもなくてもほとんど変わりがないくらいのなり具合だったらしい。おそらく当時は、雄の木を近くに植える必要がないくらい周囲の山々に野生のヤマブドウが豊富に分布していて、大量の花粉が空を舞っていたのだろう。

やがて畑に降ろしてきたヤマブドウがさっぱりならなくなる時代を迎える。開発の波が押し寄せ、山の自然資源は目に見えるほどのスピードで減少していった……。

現在はヤマブドウの畑に雄の木をいっしょに植えるようにしているのと同時に、雄の木から採った花粉を人工授粉する努力がなされている。

しかし、最近の異常気象や気候変動のせいもあって、雌の木の開花と雄の木の開花の時期がずれることも珍しくない。雄が早い場合は花粉を採取して短期間冷蔵庫などで貯蔵すればいいが、逆は困る。雌の方が先に咲くと受粉する花粉がない。

山形大学農学部付属農場（鶴岡市）の本間英治技術専門職員（40）は、筆者らとともにこの問題の解決に取り組んでいる。

「ヤマブドウの花粉を発芽能力を失わないように一年以上貯蔵して、翌年の人工授粉に使おう」という研究である。

貯蔵方法は奇想天外である。花粉学の権威の岩波洋造横浜市立大学名誉教授が発見した有機溶媒貯蔵を利用する。生きている花粉を有機溶媒に直接入れるというきわめてユニークな方法である。筆者らは、ヤマブドウの花粉をエーテル（ジエチルエーテル）の中に沈めて冷凍庫に保管した。

これまでの研究で、この方法で一年以上の長期保存が可能であることがわかった。ヤマブドウの安定生産を目指した栽培体系の中に、また一つ新しい技術が加わりそうだ。

（平　智・山形大農学部教授／2005年10月13日掲載）

ヤマブドウの雌株の花が咲いたところ。雌株の花にも花粉はあるが発芽しない。（受精には雄株の花の花粉が必要）

〈主な産地〉
鶴岡市朝日地区、真室川町、月山山系など
〈名前の由来〉
そのものズバリ、山に自生する野生ブドウから
〈主な調理法〉
ジャム、ジュースなど

西《にし》荒《あら》屋《や》の甲《こう》州《しゅう》ブドウ

3、4カ月貯蔵しても新鮮さを保つ甲州ブドウ

長期間貯蔵しても新鮮さを保つ驚きの技術。

　庄内のフルーツタウンとして有名な鶴岡市西荒屋には、秋に収穫したブドウをそのときに食すだけでなく、貯蔵して秋から三月上旬の雛祭りのころまで少しずつ出してきて食べる習慣がある。この貯蔵可能なブドウは、ワインにもよく用いられるヨーロッパブドウに属し、品種名を「甲州」という。食べてみるとさっぱりした甘さに加えて、酸味もある。小粒であるが房長は約二十センチもある。同地区の甲州ブドウは、二百年以上栽培され皇室に何度も献上された由緒あるブドウである。

　鶴岡市の農民歌人・上野甚作（一八八六―一九四五年）の歌集「郷土礼讃」に収められている一首「西あら屋母狩《ほかり》おろしに葡萄の樹玉をつらねし房みな動く」からは、当時のブドウ畑の空気と活気が伝わってくる。西荒屋は母狩山からの風が吹き、通り雨も多い。乾燥地に適するヨーロッパブドウのなかでも耐雨性の強い「甲州」だからこそ、この土地の気候に合ったのだろう。

地区で農家レストラン「知憩軒」を営む長南光《みつ》さんによると、西荒屋は近年土地改良が行われる前までは、もともと青龍寺川の氾濫《はんらん》原で砂利が多く、保水力が乏しかった。江戸時代、地区の農民たちは米の収量が上がらずに苦しんでいたが、甲州ブドウのおかげで救われた—と古老たちから学んだという。

中川昌一監修「日本ブドウ学」によると、山梨では甲州ブドウが江戸時代中期（一七一五年）には約二十ヘクタール栽培されるようになり、山梨の特産品として江戸への出荷が増加、栽培農家に高収益をもたらした。さらに江戸の中・後期になると、山梨から苗木を得て、山形、長野、大阪、鳥取などでも栽培が行われるようになったとの記述がある。

西荒屋には、その時期に遅れず苗木が導入されたようである。同地区の河内神社には、その経緯が記された石碑（一九二六年建立）がある。それによると、約二百四十年前の一七六〇年代ごろ、同地区の佐藤方珍が庄内藩家老水野氏から江戸のブドウ苗を授けられ、その後文化年間（一八〇四—一八年）に、村の名主である佐久間九兵衛が苗の繁殖を図った。一八七七（明治十）年ごろには北海道へ出荷するほど増産したが、米国種の導入で病気が発生し、一時壊滅状態になった。一九一一（同四十四）年に本県技師の浅田岩吉の指導で回復し、九兵衛と共同して再び大発展を遂げたとある。

近年はブドウに限らず、さまざまな作物の品種交代が激しい。なぜ二百年もの間、この地区のほとんどの農家で甲州ブドウが守られてきたのだろう。

一つ目の理由は、大なり小なり根強い需要が続いてきたからである。

二つ目の理由は、適切に貯蔵すれば出荷期間を四カ月以上にすることができるので需要に応じた出荷調整ができ、販売価格はそれほど高くなくても、安定した収入が見込めることである。貯蔵出荷している同地区の伊藤甲さんによると、現在は貯蔵場所に冷蔵庫を利用しているが、昔は屋外の北向きの雪囲いと家の壁との空間を利用していたという。新聞紙を敷いた木箱にブドウを入れ、木箱を積み重ねて保存する。興味深いことに、秋の土用の入りを過ぎて収穫したものは長期保存が可能になるとのこと。こんな驚きの技術は西荒屋以外、類がないのではなかろうか。

今は静かな甲州ブドウ。実は西荒屋の歴史を大きく動かしてきた在来作物といえよう。

（江頭宏昌・山形大農学部助教授／２００６年３月９日掲載）

〈主な産地〉鶴岡市西荒屋
〈名前の由来〉山梨から苗木が広まったことから
〈主な調理法〉生食、ワイン

ラ・フランス

今が収穫最盛期のラ・フランス

独特の芳しい香りと食感、山形が誇る特産果樹。

スポーツの秋、読書の秋。秋にはいろんな秋がある。秋は味覚の秋でもあり、クリ・ナシ・リンゴ・柿など、秋の果物が街を彩る。その中で、今ちょうど収穫最盛期を迎えているのが、村山地方と置賜地方を中心に栽培されているラ・フランスである。ただし、先の強風による落果被害が県内で約五百トン、一億円に上る見込みという。

収穫最盛期といっても、残念ながらすぐには出回らない。収穫したばかりのラ・フランスは、堅く、そして青くさく、とても食べられるような代物ではない。時間をかけてゆっくりと熟成することによって、あの独特の芳しい香りと「とろっ」とした食感をもつ果物に仕上がる。ラ・フランスの味を楽しむには今月下旬まで待たなければならない。

ラ・フランスを西洋ナシとは別の果物と思っている人もいるが、ラ・フランスはれっきとした西洋ナシである。西洋ナシは古くから栽培され、ギリシャ時代の文献に繁殖法が述べられているほどである。

日本には、明治初期に開拓使や勧業寮によってアメリカやフランスから導入され、明治の末ごろから商業的な栽培が始められるようになった。その後、昭和になってから缶詰加工原料としての需要が高まった。加工用として大活躍した品種が、山形ではなぜかバートレットと呼ばれているバートレットである。

このころのラ・フランスはゴツゴツとした外観から、一部の地域では「みだくなし」(見るにたえないナシ)と呼ばれたりして、不遇の時代をおくった。昭和五十年代の後半になってようやく、ラ・フランスのもつ独特の香りと味のよさが評価され、現在では、完全にバートレットと立場が逆転している。

ラ・フランスの原産地は文字通りフランスであり、厳密には山形県の在来作物ではない。しかし、原産地のフランスではすでに絶滅し、一九九一年に天童市農協がラ・フランスの苗木百本をフランスの国立農業研究所に贈った経緯がある。原産地フランスでは全く脚光を浴びなかったラ・フランスが、山形ではぐくまれ、大きな花を開かせたといえる。

今やラ・フランスの77%が山形県産であり、山形県が生産量の約七割を占めるサクランボとともに山形県の特産果樹となっている。山形に導入されてすでに百年ほど経過していることからも、ラ・フランスは山形の在来作物と呼ぶにふさわしい果物といえるのではなかろうか。

このような歴史をもつラ・フランスであるが、実は生産者と消費者にとって、とてもやっかいな果物である。ラ・フランスは収穫期が近づいても、果皮の色がほとんど変化しないために、果実の外観で収穫時期を判断することはできない。

一方、収穫したあとも外観の変化が目立たない。そのため、食べごろの判断がきわめて難しく、消費者泣かせの果物でもある。現状では、果実を指で押した感触から食べごろが判断されている。しかし、はじめて食べる人にとって、この方法で食べごろを判断するのは至難の業である。ラ・フランスのさらなる飛躍のためのブレークスルーは、簡単な食べごろ判定法の確立かもしれない。

(村山秀樹・山形大農学部助教授／2006年10月12日掲載)

ラ・フランスの色が変異したゴールドラ・フランス

〈主な産地〉村山地方、置賜地方が中心
〈名前の由来〉原産地であるフランスに起因
〈主な調理法〉生食、洋菓子など

庄内の柿

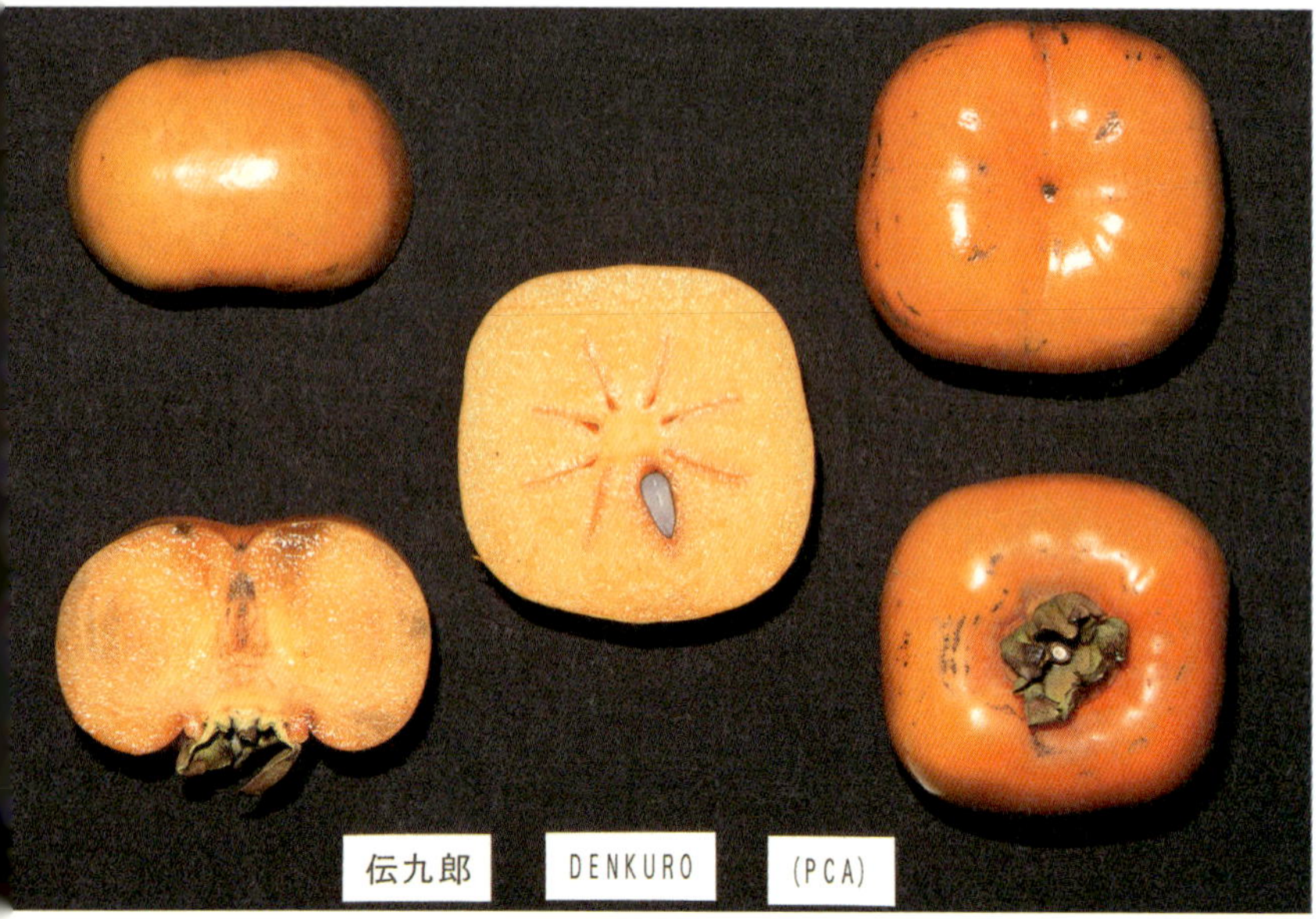

伝九郎の果実。種は入るが少ない

魔法のように甘くなる 在来品種、伝九郎。

私たち日本人に秋を感じさせてくれる果物の代表は、なんといっても柿だろう。

柿にはかつてずいぶんたくさんの在来品種があった。一九一二（明治四十五）年に行われた政府の調査では、じつに千以上もの品種名が公表されている。

その後、農村の都市化や食生活の洋風化にともなって、在来品種の数はずいぶん減少してしまったようだ。しかし、それでも晩秋になると、各地でたわわに実をつけた柿の木を見かけることができる。

庄内地方にも「伝九郎」や「万年橋」「大宝寺柿」「たて柿」などの在来品種が、決して多くはないが現存している。

これら四品種の中でとくに伝九郎は、かつて庄内南部の山間地を除いた同地方一円に広く分布していた在来品種であったようだ。

文献によると、伝九郎は三川町の横内地区あたりの発祥であるらしい。

それが、藤島川の対岸にある旧藤島町（現鶴岡市）の長沼地区に持ち込まれてからしだいに栽培が盛んになり、同地区を中心として昭和の半ばごろまで商品作物として作られていたようだ。

同地区で行った聞き取り調査によると、昔は収穫した果実をリヤカーに乗せて、酒田や鶴岡の街なかに売りに行ったものだという。

伝九郎は渋柿なので、収穫後渋を抜く必要がある。「大きなかめの中に少し熱いくらいのお湯をはり、柿の実を入れてわらをかぶせ、塩をふりかけてからふたをする。夜九時にしかけると翌朝の四時ごろには渋が抜けていた」という。

伝九郎はこのようにほとんどが「温湯脱渋（湯ざわし）」されていた。むろん当時は「炭酸ガス脱渋」などまだ普及していないし、焼酎だって貴重だっただろうから「アルコール脱渋」もままならなかったに違いない。

誰が、いつ、どこで発明したかはわからないが、湯ざわしという先人の知恵によって、たった一晩で渋柿の伝九郎は甘い柿へと変身していたのである。

伝九郎をはじめとする在来柿たちの天下は、庄内地方に「平核無《ひらたねなし》」というニューフェースが紹介され、熱心に普及が進められるにつれてしだいに衰退しはじめる。甘くておいしいけれど容姿が悪くて種もある伝九郎に比べて、スマートないでたちで種がなく食べやすい平核無。当時の生産農家の人たちがどちらを選択したかは誰の目にも明らかであろう。

アルコール脱渋が普及しはじめたことも、伝九郎にとっては不利なことであった。伝九郎はアルコールでは渋がきわめて抜けにくい性質をもっているのである。

それでも時代の要請か、伝九郎は最近、商品として復活をとげた。長沼地区の有志が昔ながらの湯ざわしで脱渋した果実を産直施設で売り出しはじめたのである。

（平　智・山形大農学部教授／2005年11月24日掲載）

〈主な産地〉
庄内地方
〈名前の由来〉——
〈主な調理法〉
温湯脱渋（湯ざわし）

温湯脱渋（湯ざわし）した伝九郎（果実の表面がひび割れるのが特徴）

紅《べに》柿《がき》

日本の秋の風物詩、みごとな干し柿の「柿のれん」

蔵王おろしが育む極上の干し柿。

毎年十一月に入ると、上山市関根、相生、三上地区周辺はにわかに忙しくなる。紅柿（山形紅柿）が収穫シーズンを迎えるからだ。

今年は成り年で（カキやミカンなどの多くの果樹は成り年と不成り年を一年おきにくり返す性質がある）、みごとに色づいた果実があちらこちらの木にまさに鈴なりであった。

ひと月ほど前、久しぶりに訪れた産地では、三上の川口敏さんが自宅の庭にある紅柿の母樹（二代目）から盛んに果実を収穫していた。

十メートル近くもあるはしごの上の方から声がする。紅柿の収穫は命がけである。

このあたりには自宅の敷地内に「はせ場」と呼ぶ干し柿専用の干し場がある農家が多い。夏の間は空虚な空間もこの季節を迎えると生きかえる。みごとな「柿のれん」、まさに日本の秋の風物詩である。

紅柿は川口さん宅に発祥した品種であるといわれている。昔、庭にあった池の縁から生えてきたものだという。おそらく川口さんのご先祖が柿を食べたあと、捨てた種子から発芽した実生《みしょう》なのだろう。

この品種は果実の中に種子がたくさんできたとしても渋いままの完全渋柿であるが、干し柿にしたときの品質は極上である。紅柿が干し柿加工に向いていることは昔からよく知られていて、紅干し柿は古くからこの地域の名産品になっている。紅柿の干し柿は鮮やかな紅色に仕上がる。平核無《ひらたねなし》など他の品種の渋柿ではなかなかそうはいかない。

紅柿は葉の紅葉も美しい。紅柿の名は目に染みるようなこの品種の紅葉の美しさによっているという説もある。ただし、基本的には農薬をほとんど使用しないで栽培されているので、年によっては落葉病が多発して美しい紅葉を見ることができないこともある。みごとな紅葉は、秋を彩る装飾品としてそれ自身が商品になりそうなくらいである。

晩秋、この地域は県内の他の地域に比べて晴天の日が多いという。しかも奥羽山脈から乾いた寒風が吹きおろす。この「蔵王おろし」の風こそがおいしい紅干し柿を育《はぐく》む縁の下の力持ちなのである。

紅柿は干し柿専用品種ではあるが、地元では長い間湯ざわし（四十度弱のお湯に一晩ほど果実を沈めて渋を抜く方法。湯抜きまたは温湯脱渋ともいう）にして生食もしてきたという。湯につけると渋が素直に抜けるらしい。

筆者らが以前、二酸化炭素（炭酸ガス脱渋）やエタノール（アルコール脱渋）で渋を抜く試験をしてみたところ、なかなか脱渋困難で、しかも脱渋後の果肉の軟化が早かった。湯ざわしもきっと、お湯の温度管理などに秘訣《ひけつ》があるのだろう。

ごく最近、紅柿を何らかの方法で脱渋して販売しようという取り組みが始まった。おいしい生食用の果実が店頭にならぶ日も近いかもしれない。

上山市三上の川口敏さん宅にある紅柿の母樹

「蔵王つるし」（左）は平核（庄内柿）の干し柿、「紅ほし柿」が紅柿の干し柿。最近は個装品もある

（平　智・山形大農学部教授／2006年12月14日掲載）

〈主な産地〉上山市関根、相生、三上地区
〈名前の由来〉干し柿が鮮やかな紅色であることから
〈主な調理法〉干し柿、湯ざわししての生食

もってのほか

上段左から、山形市、上山市、河北町、下段左から、米沢市、上山市、村山市のもってのほか。最後の2つを除く4つは明治—戦前から栽培されている系統

秋の食卓を豊かに彩るピンク色の花。

十月になり秋も深まってくると、県内の民家の庭先や畑などにピンク色のキクの花が咲き乱れるのを、あちこちで見かけるようになる。秋の味覚として県民に最も親しまれている在来作物の一つが、この食用ギクだ。

食用ギクというと、全国的には刺し身のつまに用いられる黄色の小菊を連想する人が多かった。もともと菊の花を多量に食べる習慣があるのはおもに東北地方であり、それ以外の地域の人にはその習慣はなじみがなかったからであるが、現在では日本全国のスーパーマーケットで山形県産の食用ギクを見ることができる。

このピンク色の食用ギクは「延命楽」という名称でも知られているが、山形ではもっぱら「もってのほか」あるいは「もって菊」の名で親しまれている。その名の由来は「あまりにうまいので嫁に食わすのはもってのほか」とか、「天皇の御紋の菊の花を食べるのはもってのほか」「食べてみたらもってのほかうまかった」などいろいろで、定説はない。

一口に「もってのほか」といっても、調べてみるといろいろな形態のものがあるらしい。典型的なもってのほかはピンク色で管弁のものであるが、白に近いものから濃紫に近いもの、平弁のもの、中央に黄色い芯《しん》のあるものまであるようだ。また開花期にも早晩があり、それぞれ「早生もって」「晩もって」などと呼ばれる。このようにさまざまな系統がみられる理由のひとつには、もってのほかと似た別の品種のキクをもひっくるめてもってのほかと称していたこともあろうが、キクは栽培中に突然変異を起こすことも多いため、長年栽培されているうちに変わり者が生じたことも理由としてあげられよう。いずれにしても今となってはどれが本家本元の「もってのほか」なのかわからなくなってしまっている。

このもってのほかはいつ、どこからやってきて山形県に定着したのかははっきりしていない。一説によると、京都で昔菊を食用とする習慣があってこれが山形に入ってきたともいわれるが、そもそも食用としてやってきたのか、それとも観賞用として入ってきて山形で食用に転じたのかさえも謎である。食用ギクは植物学的には観賞用のキクとまったく同一種であり、食用ギクの中には実際に観賞用菊から転用されたものも多い。キクの花は一般的に苦味が強いが、中には苦味が弱く食味に優れたものがあり、それが食用に転用されてきたのである。そのため食用ギクの中には観賞菊とくらべて全く遜《そん》色《しょく》のない観賞価値を持つものも少なくない。

もってのほかは三杯酢のおひたしのほか、あえもの、てんぷらなどでも賞味される。キクは古くは薬用としても用いられ、解熱や鎮痛、血圧やコレステロールの低下に効果があるといわれている。最近の研究でその効果の一部は菊に含まれている抗酸化成分によるものであることがわかっており、健康食品としての価値も認められている。

もってのほかは開花するために短日条件が必要なので、促成栽培が難しい。最近では県の試験場などで早生で食味がよい食用ギクの育種が行われており、将来秋の食卓もますます彩りが豊かになってくることだろう。

（小笠原宣好・山形大農学部助教授／
2005年9月29日掲載）

〈**主な産地**〉山形市、酒田市、米沢市、上山市、川西町など
〈**名前の由来**〉「あまりにうまいので嫁に食わすのはもってのほか」とか、「天皇の御紋の菊の花を食べるのはもってのほか」などいろいろで、定説はない
〈**主な調理法**〉おひたし、天ぷら、あえ物、漬物、酢の物、菊飯など

もってのほか

ホッと一息、秋の午後のティータイムのひととき。黄色・淡桃色の菊の花の寒天を上層に、緑色枝豆のぬたの寒天を下層に組み合わせた彩り美しい二色羹《かん》の茶菓子が、集った仲間の話題に花を添えます。

かつて、菊の花を食べることを他県の友人に話そうものなら「あなたの美意識はどうなっているの」などの言葉が返ってきたことを思い出します。私は畑の隅で毎年花をつける「もってのほか」を食べて育ちましたので、菊の花は抵抗ない食べ物でした。食用ギクは今や全国区の食材となり、あの昔話を思い出すこともなくなりました。

天皇家のご紋章を考えれば、菊の花は日本在来の植物のように思えますが、実は平安の昔、中国から観賞花と同時に薬草として伝来したものです。同時に次のような中国の故事来歴も付加されてきました。それは中国で最高にめでたい陽の数字が二つ重なっている九月九日を重陽の菊の節句と定め、花をめで、邪気を払い、長寿を約束するという菊酒を共々に楽しむという行事です。この中国の習わしが日本の宮中に伝えられ、現在まで五節句の一つとして残っているのです。そして一般の人たちも江戸時代になると、七草、雛、端午、七夕、菊の五節句として生活行事に取り入れていったようです。こうして花をめで花を食べる花食が成立し、江戸時代の献立には、菊の汁、菊酒の記載が見られるようになりました。江戸の人たちも菊で秋の食卓をにぎわしたことでしょう。

ところが明治時代、陰陽暦の改正により時期が一月早くなり、菊の咲かない重陽菊の節句となり、一般庶民の生活から消えてしまいました。ところが山形県では栽培技術の改良、品種改良、転作作物への奨励などにより、菊の生産高は日本一となりました。さらに収穫時期も拡大し、かつて花がなかった重陽の節句をふたたび菊でいっぱいにできるようになりました。そして平成十五年に「九月九日は菊を食べる日」宣言を行い、幻の重陽の菊の節句が山形で復活したのです。これからこの行事を一過性のものでなく、山形発「重陽菊の節句」として、全国区に昇華させていきたいものです。

菊の料理はてんぷら、あえ物、漬物、菊飯などいろいろありますが、シャキシャキの菊のおひたしのコツをひとつ。花びらは二、三個花を重ねて押しながら軸からはずします。少し酢を加えた沸騰したお湯でさっとゆでたら、水にとりザルにあけて自然に水を切り、絞らないようにします。これがシャキシャキおひたしの秘伝です。

菊は体に良いといわれます。乾燥

「九月九日は菊を食べる日」幻の重陽の節句が山形で復活。

筆者が考案した「菊の花びら寒天」

花びらは眼病・解熱の生薬になります。ミネラル、ビタミンA、食物繊維が多く、またがん予防に効果があるとされる抗酸化作用があることもわかってきました。中国で薬草として菊の花が珍重されてきたのもうなずけます。自然力を感知する人間の神秘的感性を知る思いです。このように食用ギクは、山形県の元気を支える食材の一つです。山形県のほか、東北には青森県の古くから栽培される「阿房宮」、新潟県の「かきのもと（おもいのほか）」などがあります。

やがて晩秋に霜が訪れると、白桃色の「もって菊」は首をうなだれ、白い長い冬が近いことを伝えてくれることでしょう。

（古田久子・食文化・料理研究家、山形市／2005年10月27日掲載）

亀《かめ》の尾《お》

亀治から代々受け継がれてきた阿部家の「亀の尾」。今年も元気な苗が育っていた

研究と改良を重ね 日本三大品種の一つに。

イネ品種「亀の尾」とその育成者、阿部亀治。県外でもコメや育種に関心のある人なら、これらの名前を一度は聞いたことがあるだろう。コシヒカリをはじめとする現代の主要な良食味イネ品種のルーツであるとともに、新潟県の久須美酒造が酒米として亀の尾を復活させたのをモチーフにした漫画「夏子の酒」（尾瀬あきら著）でも有名になった。

亀の尾の関連情報はあまりに内容が多岐にわたるため、全体像を十分紹介しきれないことをはじめにお許しいただきたい。亀の尾が選抜されたいきさつや当時の時代背景、阿部亀治の人となりについては、「庄内町亀ノ尾の里資料館」やインターネットホームページ「亀家（かめはうす）」（http://www.navishonai.jp/kamehouse/）でも知ることができる。また菅洋著「庄内における水稲民間育種の研究」や小松光一編著「浪漫・亀の尾列島」などにも詳しく記されている。不足の情報はそれらを参考にしていただきたい。

　さて、阿部亀治は一八六八（明治元）年、庄内町（旧余目町）小出新田の農家、阿部茂七の長男として生まれた。今野賢三著「阿部亀治」（一九四三年）によると、一八九三（明治二十六）年のある日、茂七を訪ねた庄内町（旧立川町）立谷沢に住む久兵衛という老人の雑談を亀治が耳にした。立谷沢には「惣兵衛早生」という、水が冷たい田の水口付近に植えてもよく育つ品種（この用途に使う品種を総じて冷立稲と呼称）があるが、年々出来が悪くなる。昔の良い性質を残した純正なものが探せばあるに違いない、と。

　亀治は同年九月二十九日、立谷沢におもむき、熊谷神社付近で稲刈り最中の「惣兵衛早生」の田を観察した。一九二一（大正十）年に亀治が残した手記によると、刈り残りのイネの大部分は倒伏したり、茎が折れていたが、その中に実りのよい個体を見つけ、そこから三本の穂を抜き取った。また一説には、熊谷神社参拝の折に、偶然、この三本の穂を発見したというのもあるが、今野氏の記載が正しければ、農業の改善に熱心な亀治はこのように意図的に立谷沢に出向いた可能性が高いと考える。

　翌年から四年間にわたり、失敗も重ねながら他品種との栽培比較試験を試みた。三年目から栽培が成功するとともに、四年目には亀の尾に害虫のウンカへの耐性があることを知った。

　亀治は厳密な採種を行って変異を防ぐ努力をしながら種もみを増殖した。しかし、種もみで商売することなく、玄米一升と種もみ七合、ときに一升どうしを交換して、欲しい人に惜しみなく配布していたという。

　多収で食味が良かったことから大いに普及し、当時、西日本の「神力」、関東の「愛国」とならび、日本三大品種の一つに数えられた。三四（昭和九）年には東北地方のみならず、北陸地方や朝鮮半島まで普及し、栽培面積が十九万五千ヘクタールに至った。

　亀治は亀の尾の育成にとどまらず、乾田馬耕、雁爪（がんづめ＝中耕機）除草などの農業技術の普及、大和耕地整理組合、大和信用組合の設立とその事業に尽力した。

　かつて小出新田を含む旧余目町の最上川沿いは畑作地帯でおか所と呼ばれた。一〇（明治四十三）年には吉田堰《ぜき》が開削され、畑が広大な水田になったことを、亀ノ尾の里資料館長、川井庄之助さんが展示地図で丁寧に解説してくださった。亀治の時代は稲作への農家の意欲が一層高まった時期であり、亀治はそうした意欲に応えるべく東奔西走していたのだろう。

　二七（昭和二）年四月、藍綬褒章を受章。同年九月、小出新田の八幡神社境内に頌徳《しょうとく》碑が建てられ、翌年亀治は永眠した。

（江頭宏昌・山形大農学部准教授／2007年5月9日掲載）

亀《かめ》の尾《お》

庄内地方は、明治から一九五五（昭和三十）年ころにかけて、イネの民間育種が極めて盛んな場所であった。鶴岡市出身の東北大学名誉教授・菅洋氏は「育種の原点」で、庄内の農民を育種に駆り立てたのは、自分の田に適するイネ品種は何かを追求した適地適品種の思想であると述べている。

阿部亀治が「亀の尾」の選抜・育成や農業技術の改良・普及に向かった具体的原動力は、何だったのだろうか。

庄内町郷土史研究会長の日野淳さんは、亀治の住む旧余目町小出新田から近い大野に、阿部治郎兵衛という民間育種の手本になる先人がいたことが、亀治への刺激になったと推測する。ちなみに治郎兵衛は一八七九（明治十二）年、多収良食味の「大野早生」を選抜・育成している。

亀治は生まれながら体が弱かった。両親に農民として生きていけるか心配され、小作人の息子でありながら寺子屋と小学校に通わせてもらった。幼少時代から自分にできることは何かを考えてきたことも、亀治の原動力になったと日野さんは考えている。

ところで、亀治は当初「亀の尾」を適当に「新坊」などと名付けて呼んでいた。しかし、近所で造り酒屋を営む豪農の息子で、一歳年上の親友・太田頼吉が正式に「亀の王」という名を提案した。それを亀治が拒み、二人の妥協の末、亀治提案の「亀の尾」になったというのは有名な話である。

同研究会員の佐藤幸夫さんは、小作人の亀治が「亀の尾」を育成するために失敗を重ねながら四年間も試験栽培ができた背景には、頼吉の協力が不可欠だったと力説する。頼吉は「亀の尾」の命名時だけでなく、立谷沢への冷立稲の探索と亀の尾の原種穂発見、その後の栽培試験、稲作技術の改良研究にもかかわり、いつも亀治をサポートしてきた可能性があるという。「亀の尾」は村のため、世のために役立つイネ品種を生みだそうと奮闘した二人の成果であろうと佐藤さんは推測している。

四月下旬、亀治のひ孫喜一さんの長男にあたる阿部耕祐さんを小出新田に訪ね、育成中の「亀の尾」の苗を見せてもらった。阿部家では「亀の尾」の需要がなくなっても、代々少しずつ栽培しながら種子を保存してきた。昨年、五人からなる「亀の尾栽培者の会」（代表・耕祐さん）が発足し、「亀の尾」の栽培面積が全体で三十三アールに増えた。収穫した米はすべて地元の鯉川酒造に酒米として買い取ってもらうという。

鯉川酒造社長の佐藤一良さんによ

村のため、世のために
良い品種を生みだそうと奮闘。

庄内町小出新田の八幡神社境内にある亀治の頌徳碑

ると、「亀の尾」はうまく醸せばいい酒ができるが、通常の酒米と違って飯米の性質に近いので、酒造りがきわめて難しく高度な技術が必要という。同社はこれまでも「亀の尾」の酒造りを続けてきたが、さらに「亀の尾」誕生地の米と水にこだわった新製品の開発に取り組んでいるそうである。

地元の余目第四小学校では、五年生の総合学習の時間に「はえぬき」と「亀の尾」を栽培し、収穫したお米でおにぎりを食べ比べる学習を行っているという。地域の歴史から食味体験まで学べるすばらしい内容だと思う。

亀治の偉業をたたえる顕彰祭が毎年九月五日に小出新田の八幡神社で行われ、今年は八十周年にあたる。私たちは、米が余り、より良食味の米を選んで買えるという、ぜいたくな時代に生きている。今の暮らしが、多くの先人の努力の上にあることを思い出して感謝したいものである。

（江頭宏昌・山形大農学部准教授／2007年5月23日掲載）

〈主な産地〉 庄内町を中心とした庄内地方
〈名前の由来〉 開発者である阿部亀治の名前に因む。当初は親友・太田頼吉が「亀の王」と提案したが協議の末、現在の名になった
〈主な調理法〉 飯米はもちろん、酒米として有名

在来のダイズ

（左上）だだちゃ豆（庄内１号）の鮮やかな茶色（右上）青ばこ豆の淡い緑色。種子はやや扁平《へんぺい》
（左下）田んぼのくろ豆。碁石を楕円《だえん》形にしたような色と形（右下）極小粒で緑色鮮やかな黒神

青、黒、紅色
色彩が異なる各地のダイズ。

本県には実にさまざまな色ダイズが各地に残っている。一般的に流通しているダイズはご存じの通り、乳白色をしていて、白ダイズともいわれる。

庄内地方のだだちゃ豆は茶豆である。枝豆を食べていると、さやから飛び出してくる豆は緑豆じゃないかと思うかもしれない。しかし、種にすると系統によって色合いは異なるものの、豆は茶色になるので合点がいく。固有の色は完熟したとき、種皮に現れるのである。種皮の緑は葉緑素、黒、茶、赤はアントシアニンの色であり、後者は健康機能性の抗酸化力を持つと考えられている。

戸沢村角川地区に青ばこ豆という青豆がある。栽培農家の早坂真一さんによると、お菓子の入手が難しかった時代、いって砂糖をまぶして菓子にした。また、きな粉にしたり、かき餅や正月用のダイコンなますに加えて利用する。枝豆で食べてもおいしい。雑談の中で早坂さんは「そういえば昔、平たい黒豆の在来種もあって正月に食べていた」と語った。

その豆と同類と思われるのが、鶴岡市（旧藤島町）大川渡地区在来の「田んぼのくろ豆」である。今やどこでも黒豆といえば、真ん丸で煮ると軟らかい丹波黒系統に置き換わってしまった。しかし、種を守ってきた成沢久子さんは「田んぼのくろ豆」は煮ても歯ごたえがあり、味わいに深いコクがあるという。かつては苗取りを終えた水苗代のくろ（あぜ）にこの豆を植え、除草と肥培を兼ねて苗代の土を二回根元に土寄せして栽培した。

鶴岡市で十二月九日の「大黒様のお歳夜《としや》」に供える豆ご飯となますにはこの黒豆を使い、正月二日の朝には豆腐、ゴボウ、この黒豆を加えて作る「けのこ汁」を食べるのを今も習わしにしている。味見にどうぞといただいた、きな粉の甘い香りと味の力強さは印象的であった。

きな粉といえば、庄内町（旧余目町）跡《あと》という場所に黒神《こくじん》という青きなこ用の在来ダイズがある。黒神は近年ついた名前で、地元では青豆と呼ばれてきたが、その由来は不明。栽培農家の高橋正幸さんは、一八九六（明治二十九）年生まれの祖父が物心ついたときにはすでにあったと聞いている。

跡は丘陵地で、江戸時代からオオムギやダイズなどの畑作物の栽培と製粉業で栄えた場所。かつて余目では畑作物に年貢がかからなかったため、それを丸ごと現金収入にできるのは小作農家にとって大きな魅力であった。よそにない青豆を大切にしてきたのもうなずける。煮豆には向かないが、小粒ゆえに製粉したときに青色のもととなる種皮の含有率が高まり、色鮮やかな青きな粉になる。現在、余目町農協が作付け・集荷・加工・販売を担っている。

最近、川西町で注目され生産量を増やし始めたのが紅大豆である（インターネットのホームページ「かわにし農サイド」紅大豆商品参照）。町役場はアントシアニンの健康機能性を売りにして、地域特産物の一つに育てようと力を注ぐ。

紅大豆は同町大塚地区に伝わる在来種で、赤大豆と呼ばれていたものを、近年生産者が名称変更したものである。山形おきたま農協・川西町紅大豆生産研究会代表の淀野貞彦さんによると、煮ると甘味があっておいしく、冬の煮豆用に農家のお母さん方が一握りずつ種を残してきたものだという。「煮豆を食べなくなった今の人々に、もう一度そのおいしさを知ってもらい、子どもたちにその味を伝えたい」。淀野さんが明るく語った。

（江頭宏昌・山形大農学部助教授／2007年3月14日掲載）

〈主な産地〉戸沢村角川地区、鶴岡市大川渡地区、庄内町跡、川西町
〈名前の由来〉――
〈主な調理法〉煮豆、きな粉、けのこ汁など

肘《ひじ》折《おり》カブ

肘折カブの葉と根の形態

長年大切に伝えられてきた
肘折の地カブ。

山形県内には約二十種類におよぶ在来のカブがある。その中には丸カブや長カブ、赤カブや白カブなど多様なカブがあり、今後少しずつ紹介していく予定である。今回紹介するのは長く赤い「肘折カブ」である。

青葉高著「北国の野菜風土誌」によると、肘折カブは大蔵村の山あいの集落付近の焼き畑で栽培され、自家用とともに肘折温泉へも出荷されてきたことから付けられた名称である。だが実際には肘折カブは外部の者が使う呼称で、地元では単に「地カブ」と呼んでいるようである。

現在、村内では焼き畑はほとんど行われなくなり、昔からの地種を保存している農家も少なくなった。南山の滝の沢集落の佐藤勝さん(58)は、昔から伝わる地種を大切に保存してきた農家の一人である。佐藤さんの地カブは肉質が堅いので、漬物にしたときの歯ざわりが良く、また冬の長いこの地域での長期貯蔵に向く。根の直径は五センチ以上、長さは二十センチ程度である。葉は温海カブなどと同様やや開き、種皮型も併せて西洋カブの形質を示す。西洋カブは耐寒性を得るために、根に糖分を蓄えるものが多い。昨年佐藤さんの肘折カブを畑で試食させてもらったときには、スイカ並みに甘かったと記憶している。

播種《はしゅ》は八月二十五日の新庄まつりかその直後で、収穫は十一月十日ごろからである。昔は収穫したカブはドラム缶（二百リットル）よりも大きな樽《たる》に、家族が一冬中に食べる漬物として保存されたという。

現在は漬け込む量は少なくなり、甘酢漬けか、ふすべ漬け（湯通しして辛みを増加させた浅漬け）にして食べるのが一般的。佐藤家でごちそうになった甘酢漬けとふすべ漬けは独特の辛みとほのかな甘味があり、はしがとまらなくなるほど美味であった。日本酒のつまみにもピッタリだろう。

一方、昭和三十年代までは、みそと塩に加え、風味付けに煎《い》った大豆をひき割りにして皮を除いたものを加えて漬け込んでいたという。当時は漬物の上に厚い氷が張るほど寒かったので日持ちが良く、一冬中食べることができた。今では気温が高いせいか、すぐに酸っぱくなるので同じ漬け方ができないという。また別の食べ方として、細かく刻んだ根と葉の「ひやみ漬け」なる漬物を酒かすを加えたみそ汁に入れることもあった。

「肘折カブは絶対なくならないだろう」。佐藤さんは自信を持ってそう言う。なぜなら一時は栽培する人が減った地カブだが、近年、佐藤さんの地カブは人気が高まり、あちこちから種子をくれと言われるようになったからである。

なくすのはたやすいが、残し続けることは難しい。二百年以上前から大切に伝えられてきた地カブは、地元で愛され残す人がいてくれたおかげで、今また地域の宝物として迎えられる機会が巡ってきたのである。

（江頭宏昌・山形大農学部助教授／2005年11月10日掲載）

肘折カブの甘酢漬け

〈主な産地〉
大蔵村肘折
〈名前の由来〉
肘折の地名に起因
〈主な調理法〉
漬物（甘酢漬け、ふすべ漬けなど）

西《にし》又《また》カブ

赤色が茎まで美しい西又カブ

内部、葉の茎まで赤く
漬物で出てくる鮮烈な辛み。

「おしんの大根飯なら、まだいい方だ。コメが入っとるから。戦後まで続いた供出米の時代は、年間一人一俵（約六十キロ）くらいしか手元に残らなかった。来る日も来る日も、主食はそばがき。それにカブの漬け汁をつけて食べた。そんなそばがきは、おいしいもんじゃなかったなあ」。舟形町堀内の西又地区の森幸吉さん（68）は、昔を振り返ってそう語る。

そばがきとともに、同地区の人々の命を支えてきたのが、この西又カブである。地元ではこのカブのことをたんに「かぶ」と呼ぶ。西又カブという名前は近年、販売上の必要に迫られてつけた通称である。

このカブは西又地区にある十軒すべての家で、百年以上前から自家用に栽培され、主に漬物に利用されてきた。長さ三十センチくらいの長い赤いカブで、根の表面だけでなく内部も葉の茎も赤くなる。生で食べてもあまり辛くないが、漬物にしたときに出てくる辛みの強さが特徴といえる。昨年私の研究室に卒論学生で在籍した伊藤望さんが、県内のさまざまな在来カブの食味特性を調べてくれた。焼き畑の西又カブは糖含量や遊離アミノ酸含量、ポリフェノールの一種であるアントシアニン含量も最も高いグループに属した。

　現在、西又地区の人々は普通畑で栽培しているが、かつては雑木の焼き畑で栽培した。焼き畑で栽培すると、サクサクした歯ごたえが出てカブが最高においしくなる。それが分かっていても、年をとると焼き畑の重労働は、なかなかやりづらい。また天候条件がそろわないと火入れができず、播種《はしゅ》のタイミングを計るのもむずかしい。そうした理由のため、森さんは十二、三年前から毎年の焼き畑はやめ、隔年くらいで交互に焼き畑と普通畑の栽培をするようになった。播種は八月のお盆ころ。収穫は十月下旬から始め、同地区で初雪が降る十一月十日ころより前までに終える。

　漬物に加工する際、現在は葉の茎の部分も一緒に漬け込む甘酢漬けが一般的。かつては塩だけ、あるいは塩とみそで漬けた。そばがきのつけだれにしたのはこの漬け汁である。昔は冬季、漬物たるの漬け汁の表面がよく凍ったが、その氷を割って食べる漬物が非常においしかったと森さんは言う。漬物以外の食べ方としては、鮭《さけ》と一緒に煮て食べることもある。

　西又カブが今まで残ってきたのは、地区の人々の食生活に欠かせない漬物の材料であるからである。森さんは自家用以外に販売を少し試みたところ、評判になった。近年は生産量を少しずつ増やし、漬物加工場を自宅に作った。舟形町の産直「まんさく」へ出荷すると同時に、同産直を通じて埼玉県にも出荷しており、おいしいと好評を博している。

　在来作物を売ったり、他県の人々に食べてもらおうとするときには、これまで地元の人々がどれだけその作物に愛着を持ってきたか、また今もどれだけ大切に食べ続けているかということが非常に重要だと思う。目には見えないそうしたことが、その作物の魅力をお客さんに直接・間接に物語るからである。西又カブはその味もさることながら、地元の人々から昔も今も大切にされてきたというその魅力が、食べる人の心をとらえているのではないだろうか。

（江頭宏昌・山形大学農学部助教授／２００６年11月30日掲載）

見事な包丁飾り。淡いピンク色が美しい。
新庄市の大地会館料理長・高橋忠男さん作

〈主な産地〉舟形町堀内の西又地区
〈名前の由来〉西又の地名による
〈主な調理法〉漬物、煮物、刺し身のけん

庄内地方のカブ

升田のカナカブ

田川カブ

温海カブ

宝谷カブ

藤沢カブ

色、形、味が多様で
魅力に富む五種のカブ。

酒田市升田地区に、カナカブと呼ばれ百年以上栽培されてきた青首の白カブがある。カナとは焼き畑のことで、焼き畑で栽培されてきたことを意味する。鶴岡市宝谷地区にもそれと似た宝谷カブがある。現在種子を守っているのは、畑山丑之助さんただひとりである。畑山さんは先祖から伝わってきたカブを絶やしたくないと祈るような思いで毎年栽培を続け、今年二年ぶりに焼き畑で栽培した。

　これらによく似て、名前も同じカナカブと称されるカブが、秋田県南部のにかほ市、由利本荘市などでも栽培されている。庄内と秋田のそれらのカブの主な用途は漬物であるが、若い葉を何枚か付けた若いカブをまるごとみそ仕立てで煮る食べ方がある。それを「蛸《たこ》煮」と称する名前も共通していることから、かつて県境をこえた広域のカブ文化が存在したのかもしれない。

　鶴岡市藤沢地区には藤沢カブと呼

ばれる赤白の長カブがある。昭和六十年代に同地区の渡会美代子さん一人が自宅近くの畑に栽培するだけとなり絶滅寸前となった。そのとき地元の新聞記者や漬物店「本長」などの支援、焼き畑のカブ栽培を続けてきた藤沢地区の農家後藤勝利さんの努力で藤沢カブが復活し、現在も毎年、本物の味を求めて焼き畑栽培が行われている。後藤さんの持つ林業と焼き畑の複合技術、火入れ前後の地ごしらえの丁寧さと畑の美しさには、毎年ほれぼれさせられる。

鶴岡市温海地区には、三百三十年以上の歴史と品質を誇る温海カブがある。また田川地区には昭和二十五年以降、榎本勝子さんらが中心となって温海カブから選抜・育成を進めた田川カブがある。温海、田川および藤沢カブは現在いずれも「甘酢漬け」の加工が主流であるが、三十年くらい前はみそと塩（ときにはさらに甘味を加えるためにこうじや柿）で漬け込む「あば漬け」が主流であった。

青葉高著「北国の野菜風土誌」には、温海カブが一六七二年に庄内の産物を紹介した「松竹往来」に登場し、一八〇〇年前後の古文書にカブ十八個の代金が米一升に相当するほど高値で取引され、江戸でも人気を博したことが述べられている。

カブの味は普通畑よりも焼き畑の方が美味だと、栽培者たちは口をそろえていう。これまで庄内のカブはいずれも焼き畑にこだわって栽培されてきたが、杉材の価格低迷による伐採地（焼き畑候補地）の激減と焼き畑人口の高齢化で存続が難しくなっている。いかにして本来の味を守るための焼き畑と地域固有のカブを存続させるか、重い課題がのしかかる。近年、鶴岡市温海庁舎が焼き畑の温海カブを未来に伝えていこうと、昔ながらの伝統的な焼き畑を支援し、高品質な温海カブの生産とブランド化を図る事業をスタートさせた。また、藤沢カブ、宝谷カブともに栽培支援者や応援団が増えつつある。

庄内の在来カブは、焼き畑という、アジアの持続可能な伝統農法の知恵を未来の日本へつなぐカギを握っているのである。

（江頭宏昌・山形大農学部助教授／2006年10月26日掲載）

藤沢カブの焼き畑の火入れは山の風がなく午前2時から日の出にかけて行われる。

〈主な産地〉 酒田市升田地区、鶴岡市宝谷地区、藤沢地区、温海地区、田川地区
〈名前の由来〉 主としてそれぞれの地名にもとづく
〈主な調理法〉 漬物、煮物

最上のみそかぶ

長尾カブを材料にした「みそかぶ」

春のお彼岸の時だけ食べる特別な「みそかぶ」。

一九九九年、山形新幹線が新庄市まで延伸した。このとき新庄の郷土料理を広く知ってもらうための第一弾として「あがらしゃれ」を発信した。このような地元の郷土料理の見直しを始めてから三年後、最上在来の野菜の話を聞いたのが、私と在来野菜の出合いである。しかし、当時は全体的に関心度が低く、情報も少なかった。

二〇〇四年に全国料理業生活衛生同業組合の全国大会を山形市で開催した。それをきっかけに、翌年「おいしい山形の食と文化を考える会」を設立し、県内の高校生を対象に「第一回食の甲子園やまがた大会」を実施した。大会の趣旨は、県内の隠れた伝統とそれに伴う食文化を見いだすこと、もう一つは在来野菜を取り入れた料理を若い年代層がどれほど認識しているかを知ることであった。この時は内陸の高校のみ、九十点余りの応募だった。昨年の第二回は県内全域から百三十点余りの応募があり、在来野菜の認知度はかなりアップしたと感じた。

最上地域では二年前に、在来野菜の普及や継承を目的とした「最上伝承野菜研究会」が設立された。研究会は今年、最上地域に伝わる二十三種の在来野菜を「最上伝承野菜」として認証した。二十三種のうちカブが八種、豆類が十二種、ほかはアサツキ（ひろっこ）、ニンニク、エゴマである。

豆類に次いで種類の多かったカブの食べ方は、大半が甘酢漬けである。それ以外のおもしろい食べ方に出合ったので、紹介したい。舟形町の長尾カブ栽培者・八鍬桃子さんに春の彼岸の時だけ食べる「みそかぶ」について話を聞いた。これは他地域でも食されるが、長尾では彼岸の入りから彼岸明けまでの一週間、仏様が来るときと帰るときに吹雪に遭わないようにと願いを込めて作るのだという。

材料のカブは秋に収穫し、冬期間土中に埋めて保存したものを使う。作り方は、カブを食べやすい大きさに乱切り、イチョウ、短冊などに切り、葉の部分（とうの立った部分）も適当に切り、両方を熱湯でさっとゆで、ざるに取ってさまし、すり鉢ですったみそを少量あえる。最近は若い人向けに、みそにクルミやゴマを混ぜて味に変化をつけることもある。

一方、新庄地域では最上カブを適当に切り、塩漬けにして後、一度さっと洗って水気を切り、生みそであえる。長尾と新庄、どちらの方法でもみそとあえたあと、軽い重しをして一晩寝かしたものを食べるのである。

彼岸に関して全国的に共通の習わしは、ぼたもちとおはぎである。春はボタンの花が咲くからぼたもちで、秋はハギの花のころだからおはぎと呼ぶのだという。これらにも地域のこだわりがあって、舟形町には次のような興味深い習わしがある。

春彼岸にはだんごとあずきのぼたもちで迎え、きなこのぼたもちで送る。秋彼岸にはだんごとずんだのおはぎで迎えて、きなこのおはぎで送る。

きなこを付けて送るのは、帰りに水が出ないようにとの心配りだそうである。中にあずきあんを入れる所もある。

終わりに、在来野菜について一言付け加えたい。戦前からの栽培の歴史を持てば、何でも在来野菜に該当すると思われがちである。しかし、あくまで一定の形質と本来の味を守りながら同じ地区で栽培されてきた野菜を指すのであって、近代的な畑作で大規模に栽培された野菜は別物になるのではないだろうか。

（早坂　稔・おいしい山形の食と文化を考える会会長、新庄市／2007年3月28日掲載）

〈主な産地〉最上地域
〈名前の由来〉味噌でカブをあえることによる
〈主な調理法〉みそあえ

最上地方の「みそ豆」

人気の最上みそは良食味の在来ダイズから。

最上のみそ豆3種。いずれも大粒だが、特にようのこ豆（上段）と金持ち豆（中段）は大きい。久五郎豆（下段）は球形に近く、ようのこ豆と金持ち豆は楕円《だえん》体をやや扁平《へんぺい》にした形である

みそは長い間、日本人の食と栄養を支えてきた重要な食べ物である。みそを仕込む時期は十二月から翌年三月までの冬期間、ちょうど今ごろがその最盛期である。

戸沢村蔵岡に、古くから「ようのこ豆」というみそ豆がある。これまでその種子を守ってきた農家の中村栄美子さん（60）によると、「よう」というのは鮭《さけ》のことで、「ようのこ」はイクラを意味する。でもその形態をさすのか、おいしさを例えた言葉なのか、名前の正確な由来は不明とのこと。

今から五年前、小学校で納豆汁を作るみそを選ぶために、孫の大樹さんを含む児童の各家からみそを持ち寄って、食べ比べる機会があった。その結果、ほとんどの子どもたちが「ようのこ豆のみそが一番おいしかった」と言ってくれた。昨年二月に、県最上総合支庁が企画した豆腐試食会でも、加工適性・味いずれも好成績。それ以外、昔は枝豆、正月のひ

たし豆にも使っていたという。さらに、五月中下旬に種をまいて九月下旬－十月上旬に収穫でき、収量が低くないのも魅力である。

　最上町本城にも、ただ一軒の農家で守られてきたみそ豆がある。栽培者の佐藤久之助さん（72）は「大粒で、みそにしたときの風味がよい」と言う。身内ではそのダイズを「だいど（大土）豆」と呼んでいたが、「久五郎豆」と屋号をつけて呼ぶようになったのは二年ほど前から。

　現在、みそを造るときは、自家栽培ダイズを確保し、こうじも自家製。色を良くするため、豆を煮るとき、まき火を使うという徹底ぶりである。しかし、通常のダイズ品種なら十アール当たり二、三百キロはとれるところ、この豆は十月末ころまで栽培して百二十キロしかとれない。それでも食味にこだわって種子を守り、自家用に作ってきた。三年前から販売に踏み切った。

　新庄市野中地区に「金持ち豆」という門外不出のダイズがある。平成元年に発足した野中玄米みそ生産組合（今田かつ子代表、組合員・三家族六人）の今田浩徳さん（42）によると、大粒でみそにしたときの風味も極めてよいのが特徴だが、収穫期が十月末で、収量が十アール当たりわずか百キロ前後しかとれない。組合員が生産したダイズとこうじ米のみで、みそ造りに取り組んでいる。

　鮭川村京塚地区の山科俊一さん（64）が、この豆の由来を説明してくれた。父の故正実さんが在来エダマメ栽培中に、偶然出てきた大粒で味の良いものを選抜したところ、地元の人々が正実さんの屋号「丑《うし》」をとって「丑豆」と呼ぶようになった。正実さんの弟の故正儀さんが終戦のころ、野中に婿に行くときにこの豆を持ち込んだとのことである。

　さらにかつ子さんによると、とてもよい豆だったので、持ち込まれたころに「金持ち豆」と名付けられたとのこと。正儀さんは体が弱く、体によいからと玄米を食べていた。そのことが、造るのが難しい玄米こうじを開発するきっかけになった。また野中の人々や県の協力が一九七五（昭和五十）年前後、玄米こうじと金持ち豆を組み合わせたみその開発につながった。

　人気を博している最上のみそに共通するのは、収量性一辺倒の価値観では残り得なかった良食味の在来ダイズ（みそ豆）だということである。豊かな資源をほそぼそとでも守り抜くことが、時代を超えた人の幸せを支える力になることを教えてくれている。

（江頭宏昌・山形大農学部助教授／2007年2月14日掲載）

〈主な産地〉戸沢村蔵岡、最上町本城、新庄市野中地区
〈名前の由来〉――
〈主な調理法〉みそ

梓《ずさ》山《やま》大《だい》根《こん》

畑で抜いてもらった梓山大根。中央の１本が本来の形に近い。長さは約50センチ

一般の大根にはない シャキシャキ感とほどよい辛み。

梓山《ずさやま》大根は米沢市万世町梓山の地名に由来し、米沢藩第九代藩主の上杉鷹山公が産業奨励策の一つとして、同地区に栽培を勧めたダイコンであるといわれている。由来は、米沢市内各地に自生する弘法大根から改良したものであるとの説もあるが、詳細は不明である。今回は梓山大根の種子を一人で守り続けてきた同地区の釜田恵治《えいじ》さん（73）を訪ねた。

梓山大根は青首であるが、スーパーで一般に販売されている宮重系青首大根よりも細身で先細り、表面に横筋がみられ、堅くて辛味がある。伝統的には歯ざわりのよさから漬物用大根として利用され、青葉高著「北国の野菜風土誌」には置き漬けにして三年経過しても肉質が変わらないと述べられている。また十一月に漬け込むと、着色料を加えなくても翌年二月には漬物が自然に黄色を呈してくるのが大きな特徴である。古くは夏に、その漬物を薄く切って甘酢で味付けし、菓子として利用したという。今回の訪問時、千切りにした生の大根をサラダでごちそうになった。一般のダイコンにないシャキシャキ感と、ほどよい辛味は美味であった。

　釜田さんによると、梓山大根の播《は》種《しゅ》適期は八月上旬、収穫適期は十一月上旬である。昔は収穫時期の十一月五－十日ころに米沢市内に大根市が立った。米沢市民、とくに米沢織の生産に従事した女性たちの寄宿舎では、越冬用の漬物として大量の梓山大根が消費された。一方、梓山大根の栽培には梓《あずさ》川がはんらんする万世町や八幡原の砂質土が適しており、かつて大部分の畑は八幡原にあった。しかし昭和五十年ころに始まった八幡原中核工業団地の造成によってその畑は消失し、ダイコンを栽培していた農家は工場に勤めるようになったとのことである。

　かつて米沢市の基幹産業は、鷹山公が奨励した米沢織であった。今の基幹産業は八幡原工業団地を中核とする電気・機械の先端技術産業に移行し、米沢市は東北屈指の工業都市として発展した。以上のことを考え併せると、梓山大根は、いわば鷹山公の奨励によって米沢織とともに栄え、米沢織とともに新産業へバトンを渡してきたダイコンだといえよう。

　釜田さんは「伝統ある梓山大根を絶やすことなく次世代の子どもたちに伝えたい」と、平成八年から毎年、地元の万世小学校（森谷秀悦校長）に種子を提供し、学校の畑を利用して五年生または六年生の児童と親に、梓山大根の栽培や収穫を体験してもらう活動を続けてきた。

　釜田さんの畑の栽培面積は一アールに満たない。しかし釜田さんの年齢と収穫の労力、自家用としての消費量を考慮すれば、今以上に面積を拡大することは困難だろう。一方、近年、しばしば地上部に出ているダイコンを猿に食べられる被害にあい、花茎が伸びてこないために種子を確保するのが難しくなっている。

　地域の歴史や文化を継承してきた貴重な在来種は生物なるがゆえに、いちど消滅すれば二度と同じものを再生することはできない。地域にひとりでも多くの栽培・採種・利用開発の支援者が現れることを期待したい。

（江頭宏昌・山形大学農学部助教授／2006年11月9日掲載）

万世小学校での梓山大根の栽培・収穫体験風景

〈主な産地〉
米沢市万世町梓山
〈名前の由来〉
梓山の地名による
〈主な調理法〉
漬物、サラダ

アサツキ

掘り上げた株を平箱に密に並べ、ポリエチレンシートをべたがけして加温し、新芽を伸長させる

ビタミン豊富で 利用価値の高い優等野菜。

アサツキは、庄内地方では冬の野菜としてなじみ深い。地上の葉がすっかり枯れた冬に、地下部分を掘り上げ、その内部にある新しい芽を食べる。以前は、掘り出したままの黄色みを帯びた芽が出荷され、それを食べていた。しかし、近年は根を付けて掘り出したものをハウスに入れて、暖かい温度下で新芽を伸ばすとともに、光に当てて芽の緑色を濃くして出荷している。緑色の濃いもののほうが栄養的に優れる。根深ネギ（白ネギ）よりビタミンが全体的にはるかに多く含まれ、緑色の多い葉ネギに比べてもビタミンEやB群の含量が多い。またネギやタマネギと同様、発がん抑制など体によい効果を示す機能性成分も含まれている。

もともと北海道から本州、四国にかけて広く自生しているネギ属の野生植物で、県内各所に自生が見られ、赤紫色の花には観賞価値がある。全国的に古くから野生品が利用されていたが、東北地方の一部の地域では江戸時代から栽培が行われていた。現在でも山形、福島、秋田などの東北各県で栽培が多い。そのほかでは群馬、熊本の各県で多い。

アサツキには地方によってさまざまな名前がある。県内でも地域によって「きもと」「しらしげ」「しろこ」「ひる」「ひるこ」「ひろ」「ひろこ」「ひろっこ」などの名で呼ばれている。なお、しばしば並んで取り上げられるアサツキの仲間のエゾネギは、外観上はアサツキと大差がない。一方、ハーブでおなじみのチャイブもアサツキの仲間であるが、アサツキは夏に葉が完全に枯れるのに対して、チャイブは夏も葉が枯れずに成長を続ける点で異なる。

県内では庄内地方で多く栽培されているが、内陸部でも最上の戸沢村、米沢市の小野川温泉地区などで見られる。庄内地方でもっとも栽培が盛んなのは酒田市袖浦地区。「JAそでうら」のアサツキ部会（元木市郎部会長）が生産を担っており、作付面積は十ヘクタールほどある。部会員が生産したアサツキのほとんどは東京やその近辺の市場へ出荷され、商品は写真のように見栄えよい姿をしている。価格も高く、十五～二十センチに伸ばした新芽の百グラムパックが百五十～二百五十円とのことである。

この地区では、十一月中旬～三月下旬に雪の下から掘り上げた株を、平箱に根を下にして密に縦に並べる。ハウス内で最低一八度に保った場所に十日前後置いて、鮮緑色の新芽を伸ばしてから、根と古葉を除去して出荷している。

料理法はおひたしにしてかつお節を振りかけ、好みによりしょうゆかポン酢をかけて食べるのが簡単で、アサツキ本来の味を楽しめる。長くゆでるとべたつきやすいので、さっと一分間ぐらい硬めにゆでる程度でよい。そのほかの定番の料理法としては、硬めにゆでたアサツキにみそ、砂糖、酢を加えて作った「酢みそあえ」がある。これにゆでたイカを交ぜてもいい。卵とじ、ベーコンいため、天ぷらなどにしてもおいしい。

（高樹英明・山形大農学部教授／2006年1月12日掲載）

東京市場向けの100グラム入りパック詰め

〈主な産地〉
庄内地方、戸沢村、米沢市小野川温泉地区
〈名前の由来〉
「浅葱」と書き、他の葱《ねぎ》より臭気が浅いことから、根深ネギに対して浅いネギであるからなど諸説あり
〈主な調理法〉
おひたし、酢みそあえ、卵とじ、ベーコンいため、天ぷら

体も心も温まるカラトリイモのみそ煮

カラトリイモ

親芋、小芋、葉柄、葉
すべて食べられる魅力的サトイモ。

庄内地方には古くから水苗代で栽培されてきたカラトリイモというサトイモがある。青茎系統と赤茎系統があり、分布域は最上川のやや南側を境界にして、それぞれ北側と南側にきれいに分かれる。いずれもえぐみが少ないため、親芋、小芋、葉柄、葉に至るまで余すところなく食べられる魅力的なサトイモである。

親芋はゆっくりコトコト煮ると、きめが細かく、ねっとりとして、どこかクリに似た独特の香りとほのかな甘さがある。葉柄は干すと長期保存に耐える「芋がら」になり、庄内の正月の雑煮や納豆汁の具には欠かせない。カラトリイモという呼称は学術的な系統名で、地元では「からどりいも」と濁って発音されるか、「ずいきいも」とか「じきいも」と呼ばれる。

このカラトリはいったい、いつごろから庄内で栽培され始めたのだろう。一七三五（享保二十）年の「羽州庄内領産物帳」の芋の項に「紫芋

たうのいも　からとり　茎葉共根をも」なる記載があることから、当時すでに庄内の産物といえるほど多く作られていたことがうかがえる。また当時、芋はもちろん、葉・茎から根まですべて食していたこと、庄内のカラトリの歴史は二百七十年以上続いていることが分かる。

　産物帳にあるように、二百七十年前の庄内ではカラトリのことを「とうのいも」とも呼んでいた。唐芋といえば、京野菜の一つ、エビイモもその一系統である。私の研究室にいた小西由佳さんが卒論で、DNAマーカーを利用して、大阪から取り寄せた唐芋とカラトリはごく近縁であること—つまり、カラトリが関西から持ち込まれた唐芋である可能性を示した。

「カラトリを若い人たちはあまり食べなくなった。添津（庄内町）で日本一のカラトリを栽培し、次世代に伝えたい。粘土質で地下水位が高い土地柄のおかげで、昔から添津ではおいしいカラトリができると祖母から聞いていた」と、添津カラトリ部会（斉藤鉄子部会長）会員の小池ゆみさんは語る。部会は一九八八（昭和六十三）年に発足し、現在会員は十五人ほど。

　酒田市横代にも代々カラトリを作ってきた農家がある。坪池兵一さんによると、芋が最もおいしくなるのは、一度霜が降りて葉が枯れあがる十一月から。さらに収穫した親芋を三十センチほどの深さに燻炭《くんたん》とともに埋めておくと、芋が熟成してさらにおいしさが増すという。

　昭和三十年代以降、水苗代はほぼ姿を消したが、転作田でカラトリが作られるようになり、近年は畑栽培を行う農家が多くなった。しかし、小池さんや坪池さんのように、味の面から湛水《たんすい》栽培にこだわる農家が今でも庄内全域に三十軒以上あることが、最近の調査で分かった。

　実は、サトイモの湛水栽培はもともと亜熱帯や熱帯地域で行われる栽培方法である。それがサトイモの日本伝来とともに北上し、たまたま庄内地方にその痕跡が残ったものと考えられる。

　歴史的にも文化的にも貴重なカラトリ。その味とともに次世代に伝えたいものである。その意味で、「えぷろんまま」（酒田市広野）考案のカラトリづくし料理は画期的である。また鶴岡市にあるレストラン「アル・ケッチァーノ」で提供される「カラトリのゴルゴンゾーラチーズのせグラタン」は、カラトリの新たなおいしさを発見させてくれる。若い世代がカラトリを受け継ぎ、百年先の庄内にもカラトリのおいしさが伝えられていることを祈りたい。

（江頭宏昌・山形大農学部助教授／2005年12月22日掲載）

〈主な産地〉庄内地方
〈名前の由来〉葉柄も収穫して食べられる意の柄《から》取りにちなむ
〈主な調理法〉葉柄は雑煮、納豆汁の具などに、芋はみそ煮やしょうゆ煮に

山《やま》形《がた》青《せい》菜《さい》

食感が良い青菜漬け

繊維が柔らかく食感よし、特有の香気も心地よい。

「間引き菜を漬けてみたものだけど…」。十月六日に山形市前明石の斎藤謙太郎さん宅で勧められたのが、山形青菜の今年の初物である。かんだ食感がフワッ、サクッという感じ。繊維が柔らかいのである。しかもタカナ特有の香気が心地よい。

数十年前、このあたりではどの農家も、青菜漬けは自家用に作っていた。約四十年前、斎藤さんが東京の姉に青菜漬けを送り、姉が知り合いのすし店に持って行ったところ好評だった。それがきっかけで東京に毎年青菜を送るようになった—と斎藤さんは語る。当時はビニール袋やプラスチック容器がなく、中の汁が漏れないように送るのが大変で、木のしょうゆだるを利用していたという。

斎藤さんは時代に先駆け、大きなタンクを自分でつくって漬け込みを始めたそうである。大変な苦労と試行錯誤があったに違いない。二十年くらい前、本沢農協（現山形農協）

の婦人部に、高橋一雄組合長から青菜漬けの加工をしてほしいという話があった。「塩漬けの水管理はきめ細かに行う必要があるので、十人くらいのメンバーではこなせない」。それくらい大変な作業が必要だという話も出た。それでも、斎藤さんのタンクと漬け込み技術に加え、婦人部のメンバーみんなが知恵と力を出し合うことで、青菜漬け加工を軌道に乗せることに成功した。これが青菜漬けの農協による一般販売の始まりなのである。

青菜は九州のタカナと同様にカラシナの仲間で、タイサイや白菜の仲間とは別種である。一九〇八（明治四十一）年に奈良県から県農事試験場（現県農業生産技術試験場）に導入され、品質が優れていたことから村山地方で栽培が始まり、昭和期には山形県内一円へと広がった。山形県種苗社長の森谷晃八さんによると、かつて青菜は清国《しんこく》青菜と呼ばれ、中の茎がねじれる特性を持っていたとのこと。ねじれが少なく茎幅の広い変異種が後に選抜され、同社では現在「山形広茎改良青菜」という名前で種子を販売している。種子生産はかつて各種苗店がそれぞれ農家に委託採種して行われていたが、六〇（昭和三十五）年からは飛島で隔離採種が行われるようになった。

青菜は須川の砂質土壌と肥料の効いた栽培条件を好む。播種《はしゅ》は八月下旬から九月十日までの間に行われるが、できるだけ遅くまいて朝霜が降りる十月末ごろに収穫すると、最もおいしくなるという。畑から抜き取った青菜をその場に干してしんなりさせてから束ねて収穫するのであるが、十月下旬ごろともなると乾燥に時間がかかり作業効率が落ちるので、この季節に収穫を行おうとすればそれだけ作業も大変になる。

青菜漬けとして食べるほか、漬物をおにぎりに巻いて弁慶飯にしたり、油でいためて食べてもおいしい。またニンジン、大根などとともに青菜を刻んで作る近江漬けも山形の味覚として広く知られている。青菜の需要は増えているものの、生産者の高齢化が進み生産量は増えていないようである。青菜とその食文化の存続には、地元の若い生産者の力が不可欠である。

（江頭宏昌・山形大農学部助教授／2005年12月8日掲載）

山形市前明石に広がる青菜畑

〈主な産地〉山形市を中心とする県内一円
〈名前の由来〉――
〈主な調理法〉漬物、油いため

行《なめ》沢《さわ》のトチノキ

保存に耐える乾燥トチの実。中を割ってみると美しい色を保っている

手間をかけてつくる
とち餅は抜群の風味。

鶴岡市朝日地区行沢《なめさわ》には、四十ヘクタールに及ぶ広大なトチノキ林がある。その由来は定かではないが、トチノキは保水力に優れること、さらに樹齢三百年といわれるトチノキが整然と並ぶことから、田畑かんがいなどの水源確保と実の食用・販売の目的で、先祖が栽植したのが始まりではないかといわれている。トチノキといえば野生のものであるが、そんないわれと利用の歴史をもつトチノキがあると知り、在来作物の一つとして紹介することにした。

トチノキは北海道、本州、四国の山地を中心に分布し、高さ三十メートルにもなる落葉高木である。実やはちみつを食用にするほか、材は木目や色が美しく緻密《ちみつ》で軟らかく加工しやすいことから板材・彫材に、樹皮、葉、種皮、種子は民間薬として用いられてきた。

野本寛一著「栃と餅」によると、日本全国に多様な実の食べ方があり、粉食系、粥《かゆ》系、餅系に大別できる。

日常食であった粉食・粥系は衰退し、正月、節句、盆といったハレの日に食されてきた餅系が主に残ってきたという。行沢でも同様で、とち餅を食べる習慣が残ってきた。

今回訪れた「行沢とちもち加工所」では、朝から新年会向けのとち餅の注文に応じる作業が進められていた。この加工所は一九八一（昭和五十六）年に結成した婦人活動グループ「とちの実会」が運営し、今そのメンバーは責任者の難波重子さん（76）、上野艶子さん（71）、上野良子さん（69）の三人である。

難波さんによると、昭和二十年代の終わりころ、アク抜き処理したトチの実を背負って鶴岡の町に売りに行ったが、トチ一升と米一升を交換できるほど高値で取引されたという。そのおかげで副収入を得ることができたので、行沢にきた嫁は「ここに来て良かった」と喜んだという。

しかしその後、出稼ぎで現金収入が増えてくると、地区のトチの実を拾う人はほとんどいなくなってしまった。会発足当時、正月のとち餅を作り続けていたのは七、八十歳の女性、二人くらいだったという。会のメンバーはその女性からノウハウを学び、八二年に行沢のトチの実加工の伝統を復活させ、とち餅の作り方の研究を始めた。

トチの実の採集は希望する各家から一人が参加して行沢集落共同で行われ、収穫物は毎日参加者間で平等に分配される。採集場所の遠近も、不平等のないように縄のくじで割り当てる。また、採集解禁日が例年九月十日と決まっていて、その日から豊凶に応じて数日から十数日の間、一緒に採集に出かける。しかし、それ以外の日に勝手に採集に行ってはいけない決まりになっている。

急な斜面を上り下りしながらトチの実を集める作業は、決して楽ではない。さらにそれを保存し、食べられるようにするには大変な手間がかかる。その一工程であるアク抜き（苦味のサポニンとアロインの中和・除去）には木灰が用いられる。その木灰にも気を配り、餅色がよくなるナラ、イタヤカエデなどを使う。また、添加物を使わずに、トチの実をふんだんに使って風味を最大限に引き出す工夫をしながら、おいしいとち餅づくりに取り組み、多くのお客さんから好評を博している。

地元の若い女性も「年を取って勤めをやめたら、とち餅作りをやってみたい」と言ってくれている。後継者が明るい希望を持てるのは、トチノキと実の加工技術を残し伝えてくれた先人たちと、苦労を乗り越えながら伝統を受け継いできた「とちの実会」の方々のひたむきな努力の結果なのだろう。

（江頭宏昌・山形大農学部助教授／2007年1月17日掲載）

〈主な産地〉鶴岡市朝日地区行沢
〈名前の由来〉――
〈主な調理法〉とち餅

山形赤《あか》根《ね》ホウレンソウ

山形赤根ホウレンソウの草姿。根上部の紅色が美しく、食欲をそそる。
根基部は特に甘く、太さは１センチくらいある

色鮮やかな外観と果物なみという驚愕の糖度。

山形赤根ホウレンソウ（以下、山形赤根と略）は山形市風間地区を中心に栽培されてきた良食味の在来品種である。例年十月中旬から二月上旬ころまで、露地とハウスで栽培されている。四年ほど前、全国向けのテレビ料理番組で、出演者たちがそのホウレンソウのおいしさに仰天した。糖度がメロンやブドウなみの、一七・五度もあったのである。私もごちそうになったが、やはりその美しさと甘さに驚いた。

青葉高著「日本の野菜」によると、ホウレンソウ栽培はイランで始まり、中国の華北地方で成立した東洋種と、欧米で成立した西洋種の二品種群に分化した。西洋種は、葉が厚くて切れ込みが浅く、根色薄く、アクが強くてやや土臭いものが多い。東洋種は、葉が薄くて切れ込みが深く、根上部が濃紅色、アクも土臭さも少なく歯切れがよい。

日本へは十六世紀ころに東洋種が、十九世紀末に西洋種が伝わったが、

おひたしなどの和食に合う東洋種が日本人の好みに合った。近年は収量が多く、栽培が容易な西洋種との交雑品種が主流で、東洋種はほとんど栽培されなくなった。山形赤根は典型的な東洋種である。

栽培農家の柴田吉美さん（73）によると、父親の吉男さん（一九〇三年生まれ）は二十代のころにホウレンソウ栽培を始めた。当時、経済的理由から毎年種子を買えなかったため、自家採種を行っていた。それが結果的に、根上部の赤色が濃く、雪の下でも茎葉が損傷しにくい（茎葉がしなやかで、葉柄が地面近くをはうように伸び、葉数が多く大株になる）個体を毎年選抜していくことになり、今の山形赤根の育成につながった、と吉美さんは語る。

戦後から栽培に加わった吉美さんは、六二（昭和三十七）年に県農業試験場（現県農業総合研究センター）が主催していた農作物品評会に、山形赤根を初めて出品し、優秀賞を受賞した。「秋作が可能な品種は多いが、雪の下で雪折れせずに冬作ができる極良食味のホウレンソウがほかにあるだろうか」。当時、県専門技術員であった鈴木洋氏は全国の試験場を調べ、同類のホウレンソウが日本の他所にないことを突き止めた。

七五（同五十）年ころ、山形青果卸売市場の公設市場やスーパーの開店をきっかけに生産者組合が組織され、「山形赤根」の商品名が生まれた。一把四百グラムにして十アール当たり約一万把が収穫でき、当時一把九十円という高値がついた。生産意欲を刺激され、栽培者が急激に増えた。しかし、ベト病で壊滅的打撃を受け、栽培をやめる人が相次ぎ、結局柴田さんを含めた少数の農家が残るのみとなった。現在、採種を行っているのは柴田さんのみであるが、種子は「上町のタネ」（山形市）から入手できる。

柴田さんはベト病の克服法、間引きのタイミング、「ばらまき」から「すじまき」への播種《はしゅ》法の変更、排水対策など、山形赤根の栽培技術を次々に改良し、地区内外への普及に情熱的に取り組んできた。栽培は息子の吉昭さんにも引き継がれているが、近年、山形市近郊の上山市と天童市でも栽培が増えつつある。

こうした柴田さんの山形赤根の長年にわたる栽培経験と卓越した技能が認められ、財団法人日本特産農産物協会から二〇〇六年度、日本の地域特産物マイスター十七人の一人に選ばれた。「自分の作物はすべて喜んで買ってもらえるよう、いいものを作り続けたい」。柴田さんの言葉とこれまで歩まれてきた姿勢には深く頭が下がる思いであった。

（江頭宏昌・山形大農学部助教授／2007年1月31日掲載）

〈主な産地〉 山形市風間地区が中心
〈名前の由来〉 生産者組合が組織化され、この商品名になった
〈主な調理法〉 おひたし、油いためなど

雪《ゆき》菜《な》

「野菜の芸術品」ともいわれる雪菜

雪の中でも野菜を作ろうとした先人の知恵と汗の結晶。

在来野菜研究の先駆者である青葉高氏は、雪菜を「野菜の芸術品」と表現した。白く透き通るような葉柄が何本も束になり、少しねじれたような形。葉、葉柄および花茎を食用にする。雪菜は新鮮な野菜が不足する冬の間でも何とか野菜をつくろうと長い年月をかけて努力してきた米沢の人々の知恵と汗の結晶である。

葉柄を生でかじると、パリッとした食感とみずみずしさがあり、ほのかな甘味と苦味を感じる。適度に熱湯にくぐらせて（ふすべて）密封しておくと、ツンとしたさわやかな香気と辛味が生まれてくる。米沢の伝統的なふすべ漬けは、この辛味を引き出した雪菜を浅漬けにしたものである。酒のつまみにも最高であるが、米沢の正月にはふすべ漬けを加えた郷土料理「冷や汁」が欠かせない。

現在、雪菜は同市上長井地区の全農家で自家用に、また販売用には雪菜生産組合（佐藤了組合長）が中心になって栽培されている。組合員は十一人。今回、長年雪菜栽培に情熱を傾けてこられた前組合長の吉田昭市さん（70）を取材した。

雪菜は栽培も出荷調整も大変な重労働である。八月下旬から播種《はしゅ》、十一月下旬ごろに七十センチ前後に生育した株を収穫し、稲わらと土で囲んで寄せ植えする。その上に雪が積もると、光が閉ざされて茎葉は黄白色になる。このタイミングの見極めが難しい。雪菜の呼吸で雪の中の温度は上がるが、雪が少ないと温度が上がりすぎて腐るし、冷えすぎると雪菜が凍ってしまう。雪菜は自分の葉を栄養源として、雪の中でとう（花茎）を成長させる。ときに一メートルを超す雪の中から掘り出して収穫する大変な作業。さらに栄養が抜けて茶色になった外側の茎葉などを丁寧に手作業で取り除き、水洗いする作業も容易ではない。また茎葉の大半が除去されるので、出荷時には寄せ植え時の約半分から悪いと四分の一になる。

「手をかけて重さ（=収益）を減らしていく効率の悪い作物は雪菜くらいのもの。しかし良いものを食べてもらうには、悪い部分を除かざるをえない。欲との葛藤《かっとう》なんです」と吉田さんは冗談交じりに淡々と語る。栽培・収穫の苦労と消えていった重さ、米沢に伝わってきた歴史的な知恵の重みを知らなければ、雪菜の本当の価値を理解することはできない。

雪菜の由来には二つの説がある。一つは明治になって新潟から導入されたタイサイの長岡菜に由来し、後述の遠山カブとは無関係というもの。もう一つは、四百年余り前に上杉家が越後から会津を経て米沢に転封した際に持ち込んだ遠山カブに由来するというもの。このカブは上杉鷹山公も栽培を奨励した。もともと遠山カブの花茎を「かぶのとう」と称して食していたが、後に遠山カブが長岡菜などとの自然交雑から選抜されたものが現在の「雪菜」（改称は昭和五年）になったと、地元の生産者たちは後者の説を支持してきた。二〇〇四年に私の研究室でDNAマーカーを用いて親戚《しんせき》関係を調査したところ、雪菜は遠山カブにも長岡菜にも近縁であること、つまり生産者たちの説が妥当である可能性が高いという結果を得た。

昨年の十二月二日、雪菜と花作大根（長井市）がスローフード協会国際本部（イタリア）の「味の箱舟」品目（大量生産される画一的な食品から守るべき伝統食品）として発表され、雪菜を守り続ける意義が国際的にも認められた。世界の人々が注目し始める雪菜を、米沢市民をあげて世界に誇れる食材として守り続けてほしいものである。

（江頭宏昌・山形大農学部助教授／2006年1月26日掲載）

〈主な産地〉米沢市上長井地区が中心
〈名前の由来〉雪の下で軟白化させて栽培する野菜であることにちなむ
〈主な調理法〉ふすべ漬け、冷や汁

小《お》野《の》川《がわ》豆《まめ》モヤシ

小野川の豆モヤシ（上）と市販の緑豆モヤシ

一般モヤシの２～３倍の長さ
おいしさ抜群で大人気の豆モヤシ。

小野小町ゆかりの情緒あふれる温泉場として知られる米沢市小野川。ここに、温泉の湯の熱を利用して古くから栽培されてきた豆モヤシがある。

私たちが普段スーパーなどで購入する緑豆《りょくとう》モヤシの長さは九センチ前後。それに対し、小野川在来の小粒大豆を用いたこのモヤシは、その二倍から二・五倍の長さがある。シャキシャキした歯ごたえと、口に広がる香ばしい大豆の香りが特徴。おひたしをはじめ、みそ汁やすき焼きの具など、さまざまな食べ方がある。温泉旅館でそのおいしさに魅了される人も多い。温泉街のおみやげ店で購入してリピーターとなる県外客もいて、午前中に店先で売り切れてしまうほどの人気である。

一九二三（大正十二）年六月にできた小野川萌《もやし》業組合が、現在も存続している。現組合長の佐藤誠一さん（74）によると、近年まで栽培者は六十～七十人いたが、昭和の終わりごろから急減したという。昨シーズン十人だったのが、今シーズンは七人とさらに減った。生産者はほとんどが七十歳以上で、小野川豆モヤシも高齢化と後継者の問題に直面していた。

　豆モヤシの栽培は、温泉の廃湯を通す水路と、それをまたぐように板とモヤシ豆の播種床《はしゅ》にする木箱（室）が配置された、冬季だけに建てられる小屋のなかで行われている。播種床の温度管理のためには、どんな吹雪でも朝夕六時の見回りが欠かせない。播種から一週間で収穫となる。モヤシができた室を引き上げるのは男の仕事。モヤシを洗って、四百グラムごとに束ねるのは女性の仕事である。若いころ共働きだった佐藤さん夫妻は、人を雇って一部作業を手伝ってもらいながらも、夫婦力を合わせて早朝のモヤシ仕事と勤め仕事を両立してきたという。

　県内には、かつて豆モヤシを生産していた所がほかにもある。温泉地ではないが、長井市の伊佐沢。「いさざわのまめもやし」と、十を指折り数えた記憶を持つ人もあろう。もう一つは鶴岡市湯田川の温泉地である。こちらは、モヤシを洗った後の砂の処理などの問題で作られなくなったと聞く。

　小野川では、シーズン終了後に沈殿池にたまった砂を掘り上げ、モヤシ小屋を撤去した敷地に広げて小豆、ナスなどの畑にしてきた。栽培を終えると、再び砂を一カ所に集めて空き地はモヤシ小屋に、砂は室に敷いて豆モヤシ栽培に使うのだという。かつて砂を人力で移動させていた時代は大変な重労働だった、と佐藤夫妻は振り返る。栽培に使われた砂は、毎年沈殿池で温泉水に洗われる。この作業は砂の再利用以上に土壌消毒やミネラル分の補給など、翌年の畑作を上手に行うための祖先の知恵ではなかったのか、そんなひらめきが頭をよぎった。

「地域特産の伝統あるこの豆モヤシを後世に残したい。小野川の豆モヤシのようによいものは若い人たちの力できっと残るはず」。佐藤さん夫妻の明るい笑顔が印象的であった。

（江頭宏昌・山形大農学部助教授／2006年2月9日掲載）

〈主な産地〉米沢市小野川
〈名前の由来〉小野川の地名による
〈主な調理法〉おひたし、みそ汁、すきやきの具など

出荷を翌日に控えた室の中の豆モヤシ

付録

山形県内の在来作物の種類と分布

山形県内で確認された約百三十品目の在来作物を、地域ごとに示しました。

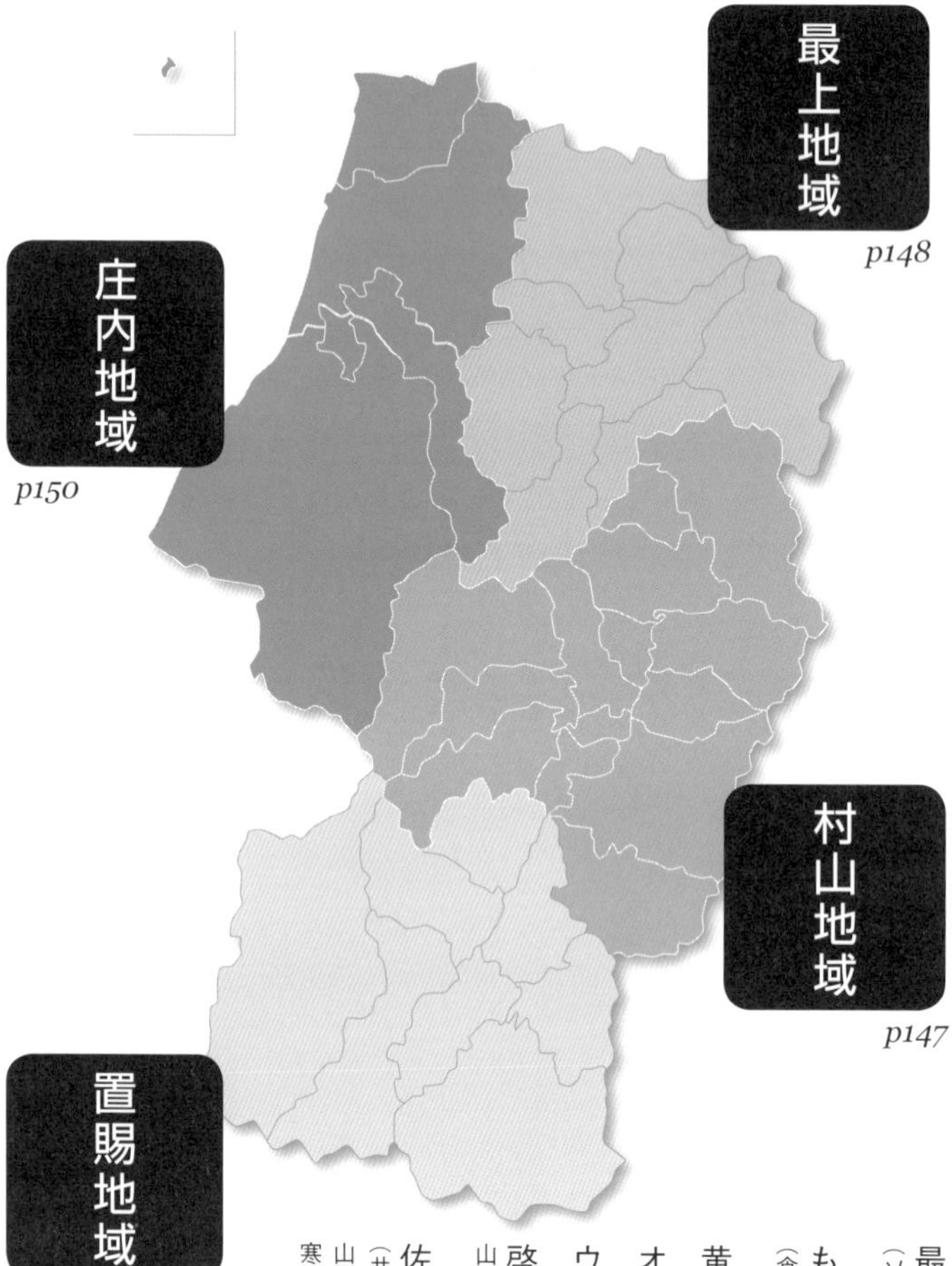

県内各地

ラ・フランス
村山・置賜・庄内

最上早生
（ソバ）

もってのほか
（食用ギク）

黄菊

オカヒジキ

ウルイ

啓翁桜
山形市を中心として全県

佐藤錦
（サクランボ）
山形県東部、特に東根―天童―寒河江を結ぶ三角地帯に多い

村山地域

村山全域
山形青菜
エゴマ
オカヒジキ

南沢地区
南沢カブ
寺内地区
寺内カブ
牛房野地区
牛房野カブ
細野地区
青ばた豆
来迎寺地区
来迎寺《らいごうじ》（ソバ）
次年子地区
次年子《じねんご》カブ
大谷地沼
ジュンサイ
白岩地区
泰山柿
谷沢地区
谷沢梅
谷地地区
モガミベニバナ
河北ゴボウ
チョロギ
沼山地区
エゴマ
全域
十五夜（食用ギク）
風間地区を中心とする周辺地域
山形赤根ホウレンソウ
全域
山形青菜
早生もって（食用ギク）
晩もって（食用ギク）
黄もって（食用ギク）
ギンボ（ギボウシ）
畑谷地区
オカノリ
三河地区
三河フキ
悪戸地区
悪戸イモ
富の中、南館、前明石地区
堀込セリ
蔵王堀田・上野地区
蔵王カボチャ
関根・川口・三上地区
紅柿
金谷地区
金谷ゴボウ
尾花沢市
大石田町
村山市
西川町
河北町
東根市
寒河江市
大江町
天童市
中山町
朝日町
山辺町
山形市
上山市

最上地域

最上全域
櫓ネギ
最上カブ

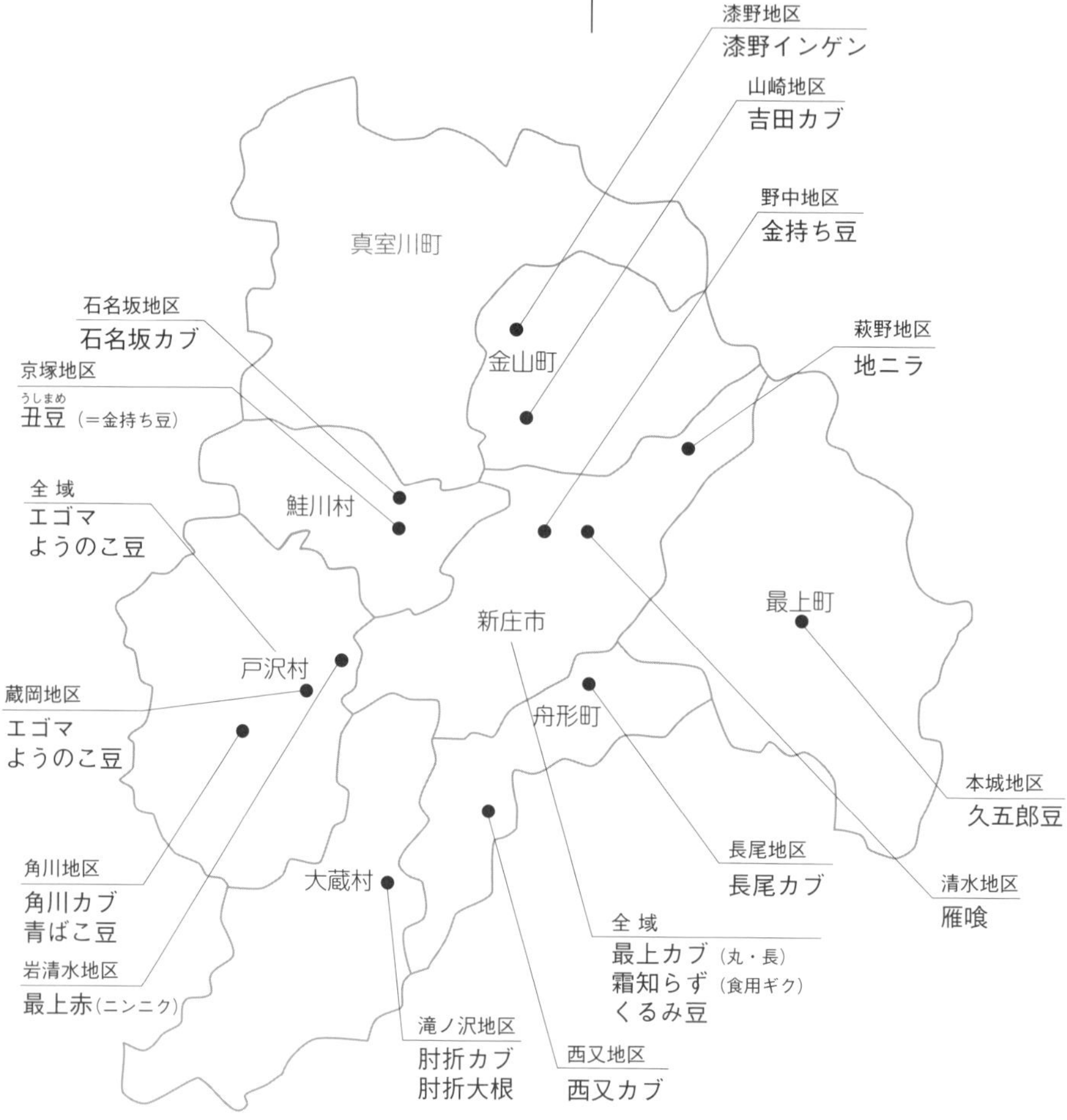

漆野地区
漆野インゲン
山崎地区
吉田カブ
野中地区
金持ち豆
萩野地区
地ニラ
真室川町
金山町
石名坂地区
石名坂カブ
京塚地区
丑豆《うしまめ》（＝金持ち豆）
全 域
エゴマ
ようのこ豆
鮭川村
新庄市
最上町
戸沢村
蔵岡地区
エゴマ
ようのこ豆
舟形町
本城地区
久五郎豆
長尾地区
長尾カブ
清水地区
雁喰
角川地区
角川カブ
青ばこ豆
大蔵村
岩清水地区
最上赤（ニンニク）
全 域
最上カブ（丸・長）
霜知らず（食用ギク）
くるみ豆
滝ノ沢地区
肘折カブ
肘折大根
西又地区
西又カブ

置賜地域

置賜全域
薄皮丸ナス

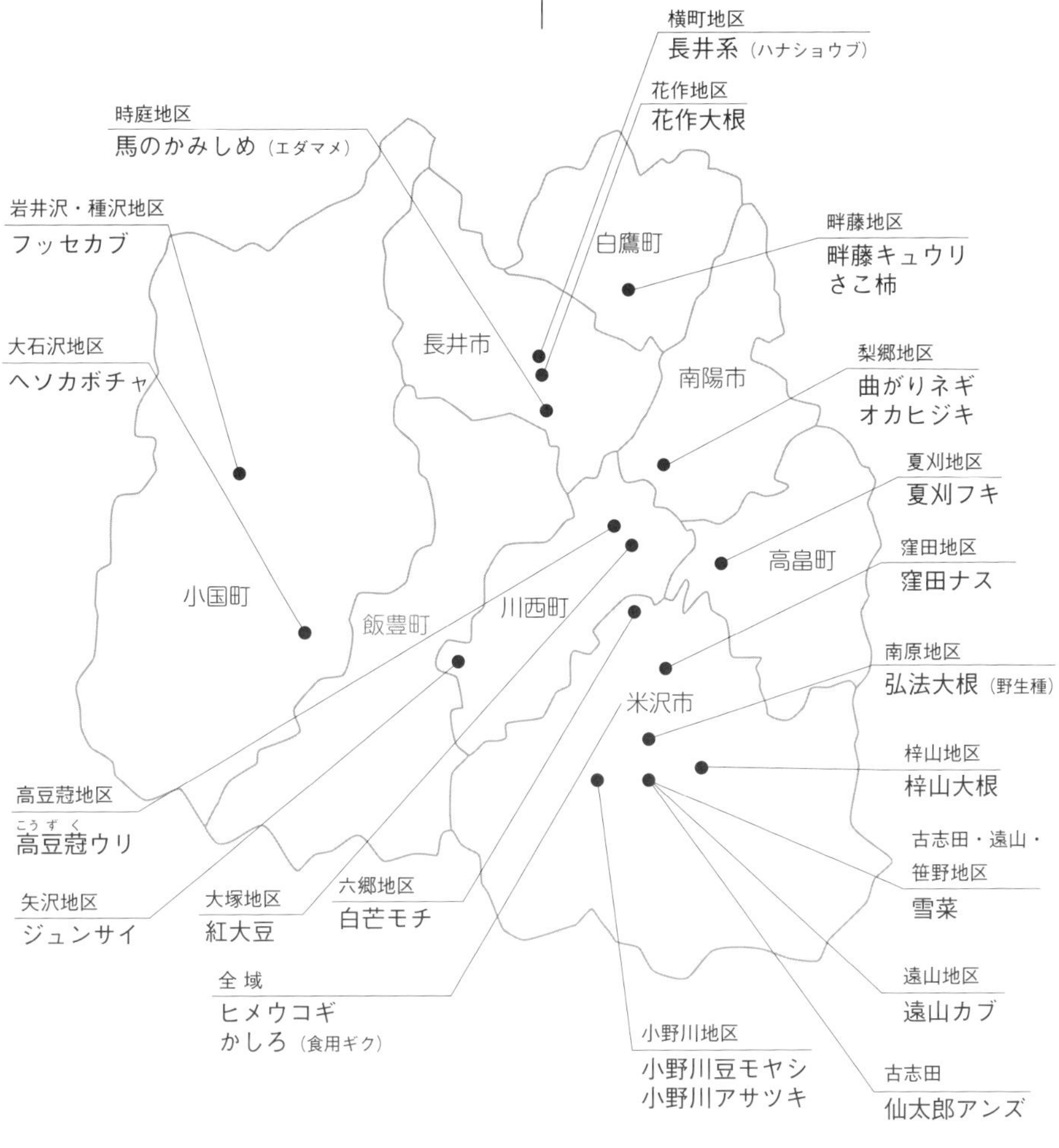
横町地区
長井系（ハナショウブ）
花作地区
花作大根
時庭地区
馬のかみしめ（エダマメ）
岩井沢・種沢地区
フッセカブ
畔藤地区
畔藤キュウリ
さこ柿
白鷹町
大石沢地区
ヘソカボチャ
長井市
梨郷地区
曲がりネギ
オカヒジキ
南陽市
夏刈地区
夏刈フキ
高畠町
窪田地区
窪田ナス
小国町
飯豊町
川西町
南原地区
弘法大根（野生種）
米沢市
梓山地区
梓山大根
高豆蔻地区
高豆蔻《こうずく》ウリ
古志田・遠山・
笹野地区
雪菜
矢沢地区
ジュンサイ
大塚地区
紅大豆
六郷地区
白芒モチ
全 域
ヒメウコギ
かしろ（食用ギク）
遠山地区
遠山カブ
小野川地区
小野川豆モヤシ
小野川アサツキ
古志田
仙太郎アンズ

庄内地域

庄内全域

カラトリイモ（サトイモ）
櫓ネギ
キクイモ
赤飯ササギ
平核無（庄内柿）

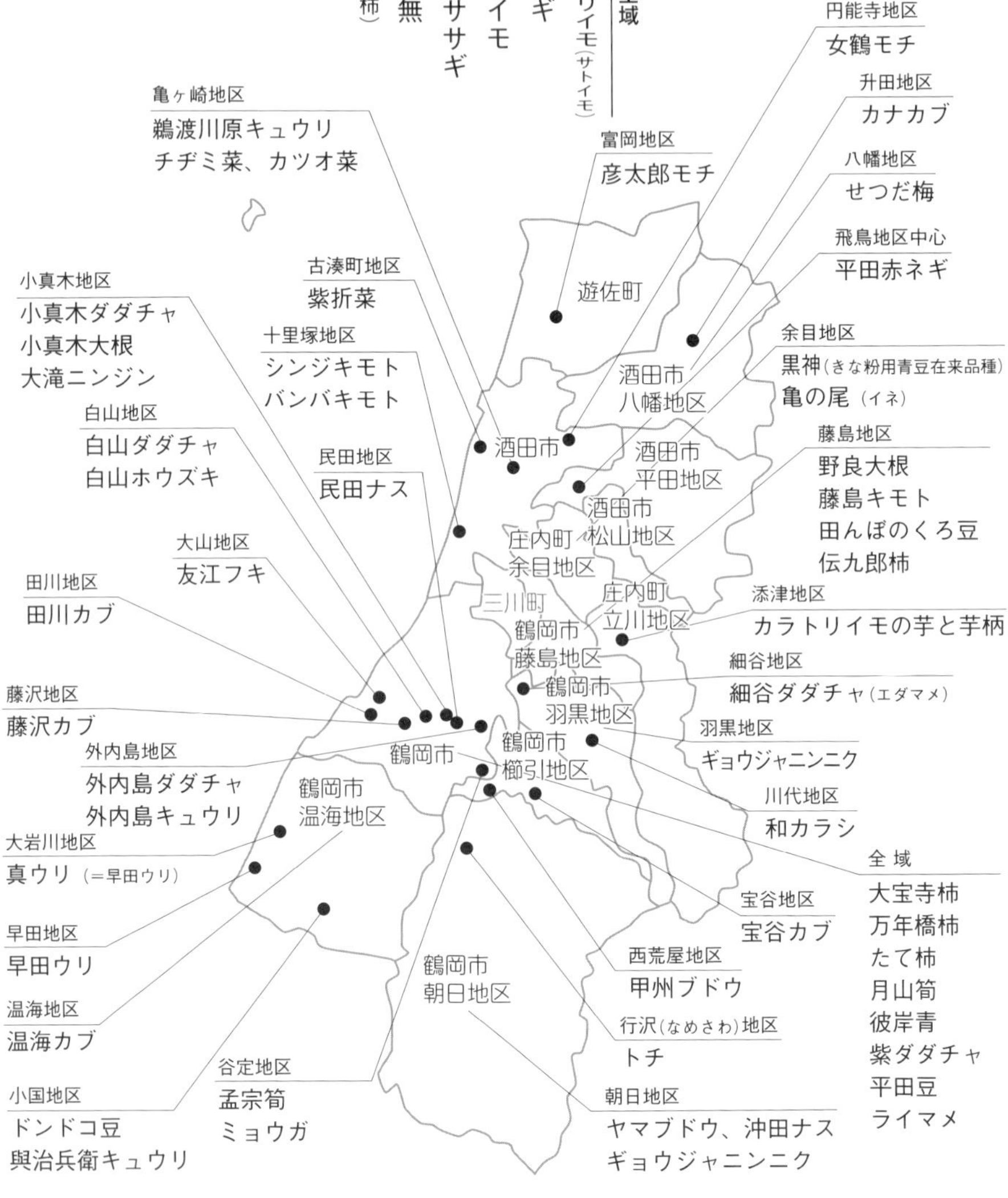
亀ヶ崎地区
鵜渡川原キュウリ
チヂミ菜、カツオ菜
富岡地区
彦太郎モチ
円能寺地区
女鶴モチ
升田地区
カナカブ
八幡地区
せつだ梅
飛鳥地区中心
平田赤ネギ
余目地区
黒神（きな粉用青豆在来品種）
亀の尾（イネ）
藤島地区
野良大根
藤島キモト
田んぼのくろ豆
伝九郎柿
添津地区
カラトリイモの芋と芋柄
細谷地区
細谷ダダチャ（エダマメ）
羽黒地区
ギョウジャニンニク
川代地区
和カラシ
全域
大宝寺柿
万年橋柿
たて柿
月山筍
彼岸青
紫ダダチャ
平田豆
ライマメ
宝谷地区
宝谷カブ
西荒屋地区
甲州ブドウ
行沢（なめさわ）地区
トチ
朝日地区
ヤマブドウ、沖田ナス
ギョウジャニンニク
小真木地区
小真木ダダチャ
小真木大根
大滝ニンジン
古湊町地区
紫折菜
十里塚地区
シンジキモト
バンバキモト
白山地区
白山ダダチャ
白山ホウズキ
民田地区
民田ナス
大山地区
友江フキ
田川地区
田川カブ
藤沢地区
藤沢カブ
外内島地区
外内島ダダチャ
外内島キュウリ
大岩川地区
真ウリ（＝早田ウリ）
早田地区
早田ウリ
温海地区
温海カブ
谷定地区
孟宗筍
ミョウガ
小国地区
ドンドコ豆
與治兵衛キュウリ
遊佐町
酒田市
八幡地区
酒田市
酒田市
平田地区
酒田市
松山地区
庄内町
余目地区
三川町
庄内町
立川地区
鶴岡市
藤島地区
鶴岡市
羽黒地区
鶴岡市
鶴岡市
櫛引地区
鶴岡市
温海地区
鶴岡市
朝日地区

山形県内の在来作物　全133品目

No.	作物名	名　前	ふりがな	発祥・栽培地（市町村）	備　考
1	アサツキ	小野川アサツキ	おのがわあさつき	米沢市小野川の温泉街	おひたしやみそ汁の具。ネギのきつい香りがなく上品。
2	アサツキ	ジンジキモト	じんじきもと	酒田市	分げつが、少なく太い。赤い色素が現れる。
3	アサツキ	バンバキモト	ばんばきもと	酒田市	分げつが、多く細い。おひたし、みそ汁の具に合う。
4	アサツキ	藤島キモト	ふじしまきもと	鶴岡市藤島地区	
5	アンズ	仙太郎アンズ	せんたろうあんず	米沢市古志田	米沢市古志田に江戸時代から伝わる大粒のアンズ。名前は継承してきた農家の屋号。
6	イソガキ	イソガキ	いそがき	鶴岡市	海浜植物を栽培化したもの。古くから利用されてきた。
7	イネ	亀の尾	かめのお	庄内町余目地区小出新田	コシヒカリはじめ、良食味米のルーツといわれる。
8	イネ	白芒モチ	しろのげもち	米沢市六郷	
9	イネ	女鶴モチ	めづるもち	酒田市円能寺	
10	イネ	彦太郎モチ	ひこたろうもち	遊佐町富岡	大正13年に常田（ときた）彦吉が山寺糯《もち》から選抜
11	インゲンマメ	漆野インゲン	うるしのいんげん	金山町漆野	昭和14年に村山の在来品種を導入。サヤインゲン、子実の両方で利用できる。
12	ウコギ	ヒメウコギ	ひめうこぎ	米沢市	野生種としてやまうこぎ（おにうこぎ）があるが、垣根に利用されてきたのはひめうこぎ。食用には春の新芽を利用。
13	ウリ	高豆蔻ウリ	こうずくうり	川西町高豆蔻	奈良漬け用の肉厚で品質の優れたウリ。
14	ウメ	せつだ梅	せつだうめ	酒田市八幡地区	
15	ウメ	谷沢梅	やさわうめ	寒河江市谷沢	梅干し用
16	エゴマ	エゴマ	えごま	最上地域と村山地域、戸沢村、西川町、河北町	子実を炒ってすりつぶし、おひたしや和え物、かいもち（そばがき）、赤飯などにかけて食べる。山形県の内陸では古くから利用されていた。
17	エダマメ	小真木ダダチャ	こまぎだだちゃ	鶴岡市小真木	茶豆、花色は白。現存するだだちゃ豆の中で最も古い歴史を持つ。「だだちゃ豆生産者組織連絡協議会」が定めるだだちゃ豆のひとつ。
18	エダマメ	外内島ダダチャ	とのじまだだちゃ	鶴岡市外内島	
19	エダマメ	白山ダダチャ	しらやまだだちゃ	鶴岡市	だだちゃ豆の中で最も美味とされる代表的系統。「だだちゃ豆生産者組織連絡協議会」が定めるだだちゃ豆のひとつ。
20	エダマメ	峠ノ山のきまめ（商品名：どんどこ豆）	とうげのやまのきまめ	鶴岡市小国峠ノ山	一時生産が途絶えたが、鶴岡市で栽培を続けていた一人から種子の分譲を受け、平成9年から復活。
21	エダマメ	彼岸青	ひがんあお	鶴岡市	極晩生青豆だが、エダマメとして食べると風味がよい。「赤澤豆」の別名がある。

No.	作物名	名　前	ふりがな	発祥・栽培地（市町村）	備　考
22	エダマメ	舞台ダダチャ	ぶでだだちゃ	鶴岡市	だだちゃの名前が付いているが、これは珍しく黒豆。花色は白。良食味、極早生、発芽率・収量低い。
23	エダマメ	細谷ダダチャ	ほそやだだちゃ	鶴岡市羽黒地区	茶豆。花色は紫。来歴不明。名称は鶴岡市羽黒地区の細谷に因む。
24	エダマメ	紫ダダチャ	むらさきだだちゃ	鶴岡市	茶豆。花色は紫。鶴岡市内の赤澤家に由来。糖度高い。
25	エダマメ	馬のかみしめ	うまのかみしめ	長井市時庭	生産は途絶えていたが、栽培者が見つかり、平成 18 年から復活。
26	エダマメ	平田豆	ひらたまめ	鶴岡市	
27	オウトウ	佐藤錦	さとうにしき	東根市、寒河江市など	大正元（1912）年、東根市の佐藤栄助氏がナポレオンに黄玉の花粉を交配して得られた実生を選抜して育成したもの。
28	オカヒジキ	オカヒジキ	おかひじき	庄内海岸に自生。村山と置賜地域を中心に栽培。	アカザ科の一年草。染色体数は 36 で，4 倍体と考えられている。
29	オカノリ	オカノリ	おかのり	山辺町、河北町	
30	カキ	さこ柿	さこがき	白鷹町畔藤	小型の渋柿で、昔は塩漬けにして脱渋して食べていた。
31	カキ	泰山柿	たいざんがき	寒河江市白岩	大果で 400 g くらいになることもある。
32	カキ	たて柿	たてがき	鶴岡市	
33	カキ	大宝寺柿	だいほうじがき	鶴岡市	
34	カキ	伝九郎柿	でんくろうがき	鶴岡市、三川町	温湯脱渋法では品質よく完全に渋が抜ける。黒砂糖のような甘味。藤沢カブのアバ漬けの甘味付けにも用いた。
35	カキ	平核無柿（庄内柿）	ひらたねなしがき（しょうないがき）	鶴岡市、酒田市、遊佐町など	焼酎などで脱渋して食べる。鶴岡市内に原木がある。
36	カキ	紅柿	べにがき	上山市関根・川口・三上地区	干柿。完全渋柿。果形は扁平でミゾが入る。果頂部はくぼむので平核無とは区別できる。干し柿にした場合は極めて品質が高く、干し柿の専用種として栽培されている。
37	カキ	万年橋柿	まんねんばしがき	鶴岡市	
38	カブ	温海カブ	あつみかぶ	現在も鶴岡市温海地区一霞で採種が行われ、近隣の鶴岡市羽黒地区、櫛引地区でも栽培が行われている	日本では珍しい焼き畑で栽培する西洋種の丸カブ。丸カブで日のあたらないところまで濃い紫赤色に着色する。肉質は締まっていて甘味があり、なますや漬け物としての品質に優れる。
39	カブ	牛房野カブ	ごぼうのかぶ	尾花沢市牛房野	古くから焼き畑で栽培されてきた長カブ。香気が強く、肉質が硬く、長期間貯蔵できる。
40	カブ	地カブ	じかぶ	新庄市	100 年以上前から焼き畑で無農薬栽培を続けてきた。皮をむいて甘酢漬けにする。糀漬け、みそ漬け。

No.	作物名	名　前	ふりがな	発祥・栽培地（市町村）	備　考
41	カブ	次年子カブ	じねんごかぶ	大石田町次年子	このような紅色の長カブは全国的にも見られない。葉は立ち、大根の葉に似た形で毛が多い。根はあまり太らず質は硬くて原始型に近い。
42	カブ	田川カブ	たがわかぶ	鶴岡市田川地区	温海カブから昭和40年代に選抜育成。温海カブより紫色が濃く、偏平な形。
43	カブ	角川カブ	つのかわかぶ	戸沢村角川	細長い赤カブ。中は白色で肉質は比較的軟らかい。形と着色程度に関して集落内でかなりの変異がある。
44	カブ	寺内カブ	てらうちかぶ	尾花沢市寺内	牛房野カブに類似。
45	カブ	遠山カブ	とおやまかぶ	米沢市遠山	西洋系のカブ。根は円錐形で青首。葉は開いて毛が多い。肉質は硬く繊維質で、長期保存可能。
46	カブ	長尾カブ	ながおかぶ	舟形町長尾	長い赤カブ。肉質硬い。甘酢漬け、みそ漬け。
47	カブ	西又カブ	にしまたかぶ	舟形町	焼き畑栽培。表皮だけでなく、中もかなりの割合で赤い。糖度は10度以上ある。生では辛味はないが、漬けている間にワサビのようなつんとした強い辛味がでる。
48	カブ	肘折カブ	ひじおりかぶ	大蔵村南山の滝の沢	根の直径6～10cm、長さ20cm。地上にでた部分は濃い紫赤色になり、土の中は薄く着色する。質が硬く冬季保存が容易。
49	カブ	藤沢カブ	ふじさわかぶ	鶴岡市藤沢	焼き畑で作られる。地上部のみが赤く着色する長カブ。丸尻になるのが特徴。
50	カブ	石名坂カブ	いしなざかかぶ	鮭川村石名坂地区	
51	カブ	ヒッテカブ	ひってかぶ	小国町岩井沢・種沢に自生	葉は切れ込みが深く、大根に似た形で、開張性で白い毛が多い。根は円錐形であまり太らず、横筋があって側根がでやすい。繊維質で硬く辛味があり、カブの原始型といえる。今は利用されていない。
52	カブ	宝谷カブ	ほうやかぶ	鶴岡市櫛引地区宝谷	青首で長さ20cmくらいの白カブ。正月の雑煮にも用いられた。
53	カブ	カノカブ	かのかぶ	酒田市八幡地区升田	青首の白カブ。根の途中で曲がるものがよいカブであるといわれ、宝谷カブに似る。昔から焼き畑で作られてきた。
54	カブ	最上カブ	もがみかぶ	新庄市	首の付近がピンク色に着色する長カブ。丸い先端を持つ短い系統（丸型）と尖った先端を持つ細長い系統（長型）の2種類がある。丸型の系統は肉質がやや軟らかく切って漬物に用いられることが多い。
55	カブ	吉田カブ	よしだかぶ	金山町山崎	10月下旬から収穫し、畳表で覆いをして雪の下で保存する。栽培は現在で5代目くらい（100年以上）になる。
56	カボチャ	蔵王カボチャ	ざおうかぼちゃ	山形市蔵王	10月下旬から。果肉は極めて硬く、食べるとポクポクし美味。貯蔵性はよく室内で3月まで保存可。
57	カボチャ	ヘソかぼちゃ	へそかぼちゃ	小国町大石沢	表皮は白っぽくて硬い。実はしまっている。良食味。

No.	作物名	名 前	ふりがな	発祥・栽培地（市町村）	備 考
58	カラシ	和ガラシ	わがらし	鶴岡市藤島地区と羽黒地区で栽培	30年ほど前（昭和50年代）に旧余目町から導入。日本では和ガラシはほとんど消えてしまった。貴重な1系統。
59	キクイモ	キクイモ	きくいも	酒田市、鶴岡市など	
60	ギボウシ	ウルイ	ぎぼうし	県内各地	若い葉をおひたしにして食べる。
61	ギボウシ	ギンボ	ぎんぼ	戸沢村、山形市と周辺	山形市とその周辺ではオオバギボウシの一種をギンボとよんでいる。
62	キュウリ	畔藤キュウリ	くろふじきゅうり	白鷹町畔藤	刈羽系胡瓜と長胡瓜との中間的な性質を持つ。淡緑、果肉厚く、肉質よい。収量はあまり多くない.
63	キュウリ	酒田キュウリ（別名：庄内早生、鵜渡川原キュウリ、大町キュウリ）	さかたきゅうり	酒田市亀ヶ崎とその周辺	15 g前後のものが一等品で大きくなるに従って等級が落ちる。熟果に編み目。蔓が細くよく分枝。
64	キュウリ	外内島キュウリ	とのじまきゅうり	鶴岡市外内島	果実25 × 6cm程度の長楕円。淡緑、尻部は乳白色。成熟すると尻や肩部から褐変しやすい。
65	キュウリ	與治兵衛キュウリ	よじべえきゅうり	鶴岡市小国地区	お盆の仏壇に供える馬に使う。なますやサラダで食べる。
66	ギョウジャニンニク	ギョウジャニンニク	ぎょうじゃにんにく	鶴岡市羽黒地区および朝日地区など	ネギ属で近縁種にノビルがある。江戸時代、庄内、米沢の産物だった。
67	ゴボウ	金谷ゴボウ	かなやごぼう	上山市金谷	
68	ゴボウ	河北ゴボウ	かほくごぼう	河北町	
69	サトイモ	悪戸イモ	あくといも	山形市悪戸	良食味。
70	サトイモ	カラトリイモ（別名：ズイキイモ、ジキイモ、山形田芋（青茎種）、苗代芋（東田川郡の一部）、クキドリ（最上郡の一部）、葉芋（西村山郡））	からとりいも	庄内地域	最上川のやや南側を境界として北側（飽海郡）に青茎種、南側に赤茎種がある。
71	サクラ	啓翁桜	けいおうざくら	山形市を中心として全県	昭和39年、石井久作氏が山形県に導入し、山系1号を選抜・普及した。
72	ササゲ	赤飯ササギ	せきはんささぎ	庄内地域	赤飯に使う。庄内地域では炊くと胴割れするアズキは忌み嫌われ、割れない赤飯ササギが多用される。
73	ジュンサイ	ジュンサイ	ジュンサイ	村山市、川西町	
74	食用ギク	かしろ	かしろ	米沢市	
75	食用ギク	霜知らず	しもしらず	新庄市	
76	食用ギク	十五夜	じゅうごや	天童市	江戸時代からの品種

No.	作物名	名　前	ふりがな	発祥・栽培地（市町村）	備　考
77	食用ギク	もってのほか	もってのほか	山形市、上山市	袋菊の一種。淡紫紅色から濃紫紅色。にがみなく、薫り高く、甘味があって料理キクの中で最良の部類。管弁。染色体数は 63 ～ 65（大輪と同じ）。早生もって、晩もって、黄もってなどの系統もある。
78	食用ギク	晩もって	ばんもって	山形市	
79	食用ギク	早生もって	わせもって	山形市	
80	食用ギク	黄もって	きもって	山形市	
81	食用ギク	黄菊	きぎく	青森、宮城、山形、福島、新潟など	平弁の中輪菊。鶴岡市在来の黄菊は半平弁の大輪で、観賞価値も高く、「黄もって」とは遺伝的に遠い系統。
82	セイヨウナシ	ラ・フランス	らふらんす	村山、置賜、庄内地域	
83	セリ	堀込セリ	ほりごめせり	山形市堀込地区	
84	ソバ	来迎寺ソバ	らいごうじそば	大石田町来迎寺	来迎寺に古くから伝わる在来種で、成熟期が最上早生より 3、4 日早い系統と 3 日程度遅い系統の 2 系統がある。
85	ソバ	最上早生	もがみわせ	全県	最上地域の在来種から大正時代に県が系統選抜した品種。甘味、うま味、香りが強い。
86	ダイコン	弘法大根	こうぼうだいこん	米沢市南原に自生	
87	ダイコン	小真木大根	こまぎだいこん	鶴岡市小真木	根は徳利型の白首で、長さは 25cm 前後。直径は 5 ～ 6cm の小型の品種。赤筋大根に似た横筋が根にできやすい。葉も美味。
88	ダイコン	梓山大根	ずさやまだいこん	南置賜郡万世村梓山（現米沢市）	肉質は硬く、辛味が強い。漬け物、置漬けにして三年経過しても肉質は変わらないといわれる。
89	ダイコン	野良大根	のらだいこん	鶴岡市藤島地区添川内の西山、中山	自生地は添川東方の台地。質が硬く辛味が強い。一部農家が生産組合をつくり辛味ダイコンとして出荷している。
90	ダイコン	花作大根	はなつくりだいこん	長井市小出字花作	根の肉質は硬く、甘味もあるが苦味があり、生食には適さない。根は三八大根をさらに短くしたようなもので聖護院大根に近い円筒型か徳利型。
91	ダイコン	肘折大根	ひじおりだいこん	新庄市郊外肘折付近	赤頭大根の一種。
92	ダイズ	雁喰	がんくい	新庄市清水	
93	ダイズ	きなこ豆	きなこまめ	置賜地域	小粒、わい性、多収。ナスの後作で栽培しても収穫できる。
94	ダイズ	黒神	こくじん	庄内町余目地区	きなこ用青豆。100 年以上の栽培歴。地元では青豆（あおまめ）と呼んできた。
95	ダイズ	青バコ豆	あおばこまめ	戸沢村角川元屋敷	エダマメ、菓子豆
96	ダイズ	青ばた豆	あおばたまめ	尾花沢市細野	戦前から栽培。
97	ダイズ	金持ち豆	かねもちまめ	新庄市野中	良食味のみそ豆。
98	ダイズ	くるみ豆	くるみまめ	舟形町長者原	

No.	作物名	名　前	ふりがな	発祥・栽培地（市町村）	備　考
99	ダイズ	ようのこ豆	ようのこまめ	戸沢村蕨岡	みそ、豆腐に適する。
100	ダイズ	久五郎豆	きゅうごろうまめ	最上町本城	一軒の農家が種を守ってきた良食味のみそ豆。身内ではだいど（大土）豆と呼んでいた。屋号の久五郎を冠して呼ぶようになったのは2005年から。
101	ダイズ	田んぼのくろ豆	たんぼのくろまめ	鶴岡市藤島地区	くろ豆の「くろ」は畔（あぜ、くろ）の意味と黒豆の意味を併せ持つと考えられる。
102	ダイズ	黒五葉	くろごよう	最上地域	
103	タケノコ	孟宗	もうそう	鶴岡市谷定、湯田川など（金峰山周辺ではないが、鶴岡市早田にも産地がある）	金峰山周辺は竹の生育環境に適していると言われ非常に品質がよい。湯田川孟宗は京都に由来するというといわれがある。
104	チョロギ	チョロギ	ちょろぎ	河北町	
105	ツケナ	山形青菜	やまがたせいさい	村山地域、置賜地域	東北地方で産地化した唯一のタカナ。山形青菜は明治４１年に種子を奈良県から導入して栽培が始まった。
106	ツケナ	雪菜	ゆきな	米沢市	野菜の芸術品と言われる。遠山カブと長岡菜の交雑によってできた可能性がある。
107	ツケナ	紫折菜	むらさきおりな	酒田市	良食味。中国の紅菜苔（ホンツァイタイ）に似る。紅菜苔は昭和十年頃我が国に導入されたが広まらず、紫折菜は庄内馴化種と考えられ、一部の人は幻のツケナと呼んだ。
108	ツケナ	カツオ菜	かつおな	酒田市亀ヶ崎	春先、まだ蕾が見えない時期に収穫して茎葉を食べる。小松菜の一種と考えられる。
109	ツケナ	チヂミ菜	ちぢみな	酒田市亀ヶ崎	チヂミ茎立菜、カブレナの仲間なら、西洋ナタネの一種か？
110	トチ	トチ	とち	鶴岡市朝日地区行沢（なめさわ）	江戸時代に植栽されたトチ株があり、トチ餅などに加工している。
111	ナス	沖田ナス	おきたなす	鶴岡市朝日地区沖田	昭和40年代に薄皮丸ナスを導入し自家採種により固定。窪田ナスに似る。
112	ナス	窪田ナス	くぼたなす	米沢市窪田	極早生。越後から持ち込まれたという言い伝え。
113	ナス	薄皮丸ナス	うすかわまるなす	置賜全域	果実は丸から巾着型。肉質はしまり、歯切れも味もよく、果皮が薄い。
114	ナス	民田ナス	みんでんなす	鶴岡市民田	極早生（第５葉で第１花）、京都から外内島・小真木を経由して民田へ？神官が栽培法を工夫？
115	ニラ	地ニラ	じにら	新庄市萩野字塩野	細いが良食味。
116	ニンジン	大滝ニンジン	おおたきにんじん	鶴岡市小真木	大滝　武氏育成。
117	ニンニク	最上赤	もがみあか	戸沢村岩清水	
118	ネギ	平田赤ネギ	ひらたあかねぎ	酒田市平田地区	

No.	作物名	名 前	ふりがな	発祥・栽培地（市町村）	備 考
119	ネギ	曲がりネギ	まがりねぎ	南陽市梨郷を中心とする置賜地域	光沢と色つやがよい。軟らかく甘味がある。
120	ネギ	櫓ネギ	やぐらねぎ	山形県では庄内・最上地域	冬は休眠するので、寒地でも越冬可能。花軸の上の苗を植え付けるとすぐに生育する。
121	ネマガリタケ	月山筍	がっさんだけ	鶴岡市、西川町、朝日町	月山山麓で野生のものも採取されているが、左欄地区で栽培もされている。
122	ハナショウブ	長井系	ながいけい	長井市	
123	フキ	友江フキ	ともえふき	鶴岡市田川地区	かつて鶴岡市大山川の河川敷で多くつくられたが、河川改修工事で激減。現在は大山地区で４軒の農家がつくっている。肉質軟らかく香りよい。
124	フキ	夏刈フキ	なつかりふき	高畠町夏刈地区	川西町須島地区から導入されたが、いつ頃かは不明。葉柄は１mくらいになる。
125	フキ	三河フキ	みかわふき	山辺町三河尻	愛知フキ系か？香りと歯ざわりよい。
126	ブドウ	甲州ブドウ	こうしゅうぶどう	鶴岡市櫛引地区西荒屋	導入は1760年代頃。秋に収穫したブドウを翌年の３月頃まで貯蔵。
127	ブドウ	ヤマブドウ	やまぶどう	鶴岡市朝日地区、西川町	
128	ベニバナ	モガミベニバナ	もがみべにばな	河北町を中心に村山、置賜地域	
129	ホウレンソウ	山形赤根ホウレンソウ	やまがたあかねほうれんそう	山形市風間	根が赤い和種系のホウレンソウ。糖度高く、しなやかで雪折れにも強い。べと病に弱い。
130	ホオズキ	白山ホオズキ	しらやまほおずき	鶴岡市白山	白山集落でだだちゃ豆が作られる前から栽培されてきたが現在はほとんど消滅。森供養に用いられた。
131	マクワウリ	早田ウリ	わさだうり	鶴岡市温海地区早田	果実は球形。十条の島。肉質は軟、香りよく良食味。シベリア系と在来の銀マクワの雑種か？
132	ミョウガ	ミョウガ	みょうが	鶴岡市谷定を中心とする地域	庄内柿と称されるカキ品種「平核無」の間作。黄金地区の金峰神社周辺は古くからミョウガが栽培されていた。
133	ライマメ	ライマメ	らいまめ	鶴岡市青龍寺（現在は高坂と羽黒地区で栽培）	インゲン豆の近縁種。地元では白ササギと呼ばれている。

在来作物情報

この本でとりあげた在来作物のおもなものについて、それらを、①どこで味わうことができるのか、②どこで手に入れることができるのか、さらに、それらの作物についての話を、③どこで聞くことができるのかについて、現在山形在来作物研究会（在作研）で把握できている情報のおもなものを関係者の承諾を得て掲載しました。読者のみなさんのお役に立てば幸いです。

①に関しては「やまがた在来作物事典」に登場した飲食店を中心にまとめました。
②③に関しては、執筆者が取材時に得た情報をもとにまとめました。

①食べられるところ

地域	名　称	住所／電話／営業時間／休み	扱っている主な在来作物
村山	れすとらん久味膳	山形市あこや町 3-3-20 TEL 023-641-8900 11:30 ～ 14:00、 17:00 ～ 20:00 日曜休	山形県の在来作物を使ったフランス料理（特にベニバナ、平田赤ネギ、もってのほか＜食用ギク＞、イトカボチャ）
	農家民宿はたざお	山辺町大字畑谷 1264 TEL 023-666-2520 予約次第	ソバとオカノリ
最上	割烹とりや	新庄市沼田町 6-51 TEL 0233-22-1420 11:00 ～ 21:00(要予約) 不定休	最上地域の在来作物を中心に多数（四季折々の伝承料理と創作料理、旬を大切にした郷土料理 " あがらしゃれ” がある）
庄内	アル・ケッチァーノ	鶴岡市下山添一里塚 83 TEL 0235-78-7230 11:45 ～ 14:00、 18:00 ～ 21:00 不定休	庄内を中心とする県内の在来作物を使った創作イタリア料理（温海カブ、藤沢カブ、宝谷カブ、外内島キュウリ、月山筍、民田ナス、だだちゃ豆、雪菜、漆野インゲン、ライマメ、早田ウリなど多数）
	知憩軒	鶴岡市西荒屋宮の根 91 TEL 0235-57-2130 11:00 ～ 14:00、 17:00 ～ 21:00(要予約) 火曜休	庄内の季節の在来作物 （特に宝谷カブ、藤沢カブ、温海カブ、カラトリイモ、もってのほかなど）
	えぷろんまま （仕出し）	酒田市広野字大渕 87 TEL 0234-92-4858 注文次第 無休	店舗はありませんが、注文をうければ料理を作ります。庄内地域の在来野菜（特にカラトリイモなど）

②買えるところ

地域	名　称	住所／電話／営業時間／休み	扱っている主な在来作物
村山	JA やまがたおいしさ直売所	南館店）山形市南館 3-7-4 TEL 023-645-5001 9:30 ～ 18:00（冬期は～ 17:00）　正月休 鈴川店）山形市双月町 2-3-3 TEL 023-631-2588 9:30 ～ 18:00（冬期は～ 17:00）　正月休	蔵王カボチャ、悪戸イモ、山形青菜、オカヒジキ、掘込セリ、もってのほか
	JA やまがたエーコープもとさわ	山形市長谷堂 1109-1 TEL 023-688-5773 9:00 ～ 17:00 無休	山形青菜など
	JA てんどうフルーツセンター直営店	天童市大字山口字荒宿 5110 TEL 023-653-5302 9:30 ～ 17:30　第 2・4 水曜休	サクランボ（佐藤錦）やラ・フランスなどの果物
	JA やまがた南部営農センター（かみのやまフルーツセンター）	上山市関根字三島 627-2 TEL 023-673-3108 8:45 ～ 17:00（第 1・3 土曜は～ 12:00） 第 2・4 土曜、日曜休	紅柿の干し柿など
	大高根じゅん菜採取組合	直売所）村山市大字田沢地内じゅんさい沼 TEL 0237-36-1611 14:00 ～ 16:00（6 月上旬～ 8 月中旬のみ） 月曜休	じゅんさい
	水沢いきいき直売所（道の駅にしかわエリア内）	西川町大字水沢 2304 TEL 090-7934-4522 8:30 ～ 18:00 第 4 火曜休	エゴマ、ヤマブドウ、各カタクリやゼンマイの干し物、凍み大根など
	やまのべ温泉市（山辺温泉 保養センター内）	山辺町大塚 801 TEL 090-5598-5037 9:00 ～ 17:00 第 4 月曜休	三河フキなど
	かあちゃん市場（あったまりランド深堀前産直施設）	大石田町大字豊田 884-1 TEL 0237-35-5353 9:00 ～ 17:00（4 ～ 12 月の土・日曜、祝日のみ） 1 ～ 3 月、月～金曜休	来迎寺在来そば粉、次年子カブなど
	次年子ふるさと直売所（ふるさと自然館次年子前）	大石田町大字次年子 1749 TEL 0237-35-4150（次年子産業組合） 9:00 ～ 16:00（5 ～ 11 月の土・日曜のみ） 12 ～ 4 月、月～金曜休	次年子カブなど
最上	JA 新庄もがみ若あゆの里「まんさく」	舟形町舟形 4421-2 TEL 0233-32-8155 9:00 ～ 17:30（11 ～ 3 月は～ 17:00） 第 2・4 水曜休（7 ～ 9 月は無休）	西又カブなど
	戸沢村農産物直売所とざわ農楽市	戸沢村大字蔵岡 3704-20 TEL 0233-72-2242 8:30 ～ 17:00（12 ～ 3 月は 9:00 ～ 16:00） 無休（12 ～ 3 月は土・日曜のみ営業）	エゴマ、ようのこ豆、青ばこ豆、角川カブ、最上赤カブ、ひろっこ（アサツキ）など
	産直まゆの郷	新庄市十日町 6000-1 TEL 0233-23-5007 9:30 ～ 18:00 無休	金持ち豆のみそ、くるみ豆、最上カブなど
	産直「四季の香」（川の駅ヤナ茶屋もがみ内）	最上町志茂 1496-7 TEL 0233-44-2577 9:00 ～ 18:30 正月休	地元産ソバ粉、久五郎豆のみそなど
置賜	上杉城史苑	米沢市丸の内 1-1-22 TEL 0238-23-0700 9:00 ～ 18:00（12 ～ 3 月は～ 17:30） 無休	雪菜や薄皮丸ナスの漬物、ウコギ加工食品、郷土物産品など
	小野川豆もやし生産組合（小野川豆もやし場）	米沢市小野川町 2566 TEL 0238-32-2107 10:00 ～売切次第終了（11 月中旬～ 3 月末のみ） 期間中無休	小野川豆モヤシ

地域	名　称	住所／電話／営業時間／休み	扱っている主な在来作物
置賜	JA 山形おきたま愛菜館エーコープ白鷹店	白鷹町荒砥乙 1027-86 TEL 0238-85-5731 9:30 ～ 18:30 無休	畔藤キュウリなど
庄内	鶴岡産直組合しゃきっと	鶴岡市大字覚岸寺字水上 196-1 TEL 0235-29-9963 9:30 ～ 18:00 無休	谷定孟宗、だだちゃ豆、平核無柿、ラ・フランス、赤カブ、庄内メロンなど
	JA 鶴岡産直館鶴岡店	鶴岡市白山西野 191 TEL 0235-25-6665 9:00 ～ 18:00 12 月 31 日午後～ 1 月 4 日休	だだちゃ豆、民田ナス、谷定孟宗、平核無柿など
	ト一屋みずほ通り店	酒田市松原南 4-1 0234-21-2606 10:00 ～ 24：00（土・日曜は 9：00 ～） 無休	チヂミ菜、紫折菜、カツオ菜、カラトリイモ、せつだ梅、酒田キュウリ、だだちゃ豆など
	JA そでうら食彩工房 いちご畑	酒田市坂野辺新田古川 19-1 TEL 0234-41-0283 9:00 ～ 18:00 1 月 1 日～ 4 日休	平核無柿、モモ、アサツキ、カラトリイモ、サツマイモなど
	めんたま畑	酒田市飛鳥字堂之後 83-3 TEL 0234-61-7200 9:30 ～ 18:00（1 ～ 2 月は～ 17:30） 火曜休	平田赤ネギ、アサツキ、ズイキ
	羽黒あねちゃの店	鶴岡市羽黒町狩谷野目字宮野下 149 TEL 0235-62-3895 8:30 ～ 18:30 1 月 1 日～ 5 日休	月山筍、アサツキ、ウルイ、庄内柿など
	産直あさひ・グー	鶴岡市下名川字落合 183 TEL 0235-58-1455 9:00 ～ 18:00（1 ～ 3 月は～ 16:00） 正月休	トチもち、ヤマブドウ、月山筍、ウルイ、ギョウジャニンニクなど
	（株）本長	鶴岡市大山 1-7-7 TEL 0235-33-2023 8:00 ～ 19:00 1 月 1 日休	外内島キュウリ、藤沢カブ、友江フキなどの漬物
	JA 鶴岡湯田川出張所	鶴岡市湯田川丙 64 TEL 0235-29-2828（JA 鶴岡販売課） 6:30 ～ 8:00（4 月下旬～ 5 月下旬のみ） 期間中無休	湯田川孟宗の販売、孟宗掘り体験など
	道の駅「あつみ」しゃりん	鶴岡市早田字戸ノ浦 606 TEL 0235-44-3211 8:00 ～ 18:00（9 ～ 4 月は 8:30 ～ 17:30） 7 ～ 8 月を除く毎月最終水曜、年末年始休	温海カブ、キクイモなど
	産直あぐり	鶴岡市西荒屋字杉下 106-3 TEL 0235-57-3300 9:00 ～ 17:00（4 ～ 10 月は 9:00 ～ 18:00） 1 月 1 日～ 4 日休	甲州ブドウほか在来の果物と野菜など
	産直もえん	鶴岡市外内島信州川原 47-7 TEL 0235-29-7005 9:30 ～ 18:30（12 ～ 3 月は～ 17:30） 正月休（4 日間）	だだちゃ豆、小真木ダイコン、谷定孟宗、アサツキ、庄内柿、民田ナス、甲州ブドウ、カラトリイモなど
	農産物直売所 四季の里楽々（らら）	鶴岡市藤浪 2-93 TEL 0235-78-2520 9:30 ～ 18:00 第 3 木曜休	ふじしまきもど、田んぼのくろ豆、豊栄大根はH 20 秋デビューに向け、採種を行っている。
	丸金修文種苗店	鶴岡市本町 1-8-39 TEL 0235-22-3353 8:00 ～ 18:30 不定休	各種だだちゃ豆種子、温海カブ、山形青菜種子、食用としてライマメ、赤飯ササギ、黒豆、青豆、小豆を販売

③お話を聞けるところ

地域	名　称	住所／電話／HPなど	扱っている在来作物
県内全域	山形県農林水産部 農政企画課	山形市松波 2-8-1 TEL 023-630-2427	山形県内の在来作物に関する由来、購入できる産直施設などに関する情報
	山形県農林水産部 生産技術課	山形市松波 2-8-1 TEL 023-630-2444	山形県内の在来作物に関する生産情報全般
	山形在来作物研究会	事務局）鶴岡市高坂字古町 5-3 TEL 0235-24-9982 http://zaisakuken.jp akazawa@tds1.tr.yamagata-u.ac.jp egashira@tds1.tr.yamagata-u.ac.jp	山形県内の在来作物全般に関する情報
	やまがた観光情報センター	山形市城南町 1-1-1 霞城セントラル内 TEL 023-647-2333 http://www.yamagatakanko.com	やまがた観光のオフィシャルスポット。HP から食材や郷土料理を検索できる。
村山	村山総合支庁 農業技術普及課	山形市鉄砲町 2-19-68 TEL 023-621-8293	村山地域の在来作物全般に関する情報
	村山総合支庁 北村山農業技術普及課	村山市楯岡笛田 4-5-1 TEL 0237-55-3239	北村山地域の在来作物全般に関する情報
	村山総合支庁 西村山農業技術普及課	寒河江市大字西根字石川西 355 TEL 0237-86-8291	西村山地域の在来作物全般に関する情報
	ＪＡやまがた 営農経済部販売課	山形市旅籠町 1-12-35 TEL 023-624-8563	蔵王カボチャ、悪戸イモ、山形青菜、オカヒジキ、掘込セリ、もってのほか、小笹ウルイなどの情報
	山形丸果中央青果株式会社	山形市大字漆山 1420 TEL 023-686-3530	山形赤根ホウレンソウ、もってのほかなどの情報
最上	最上総合支庁農村計画課および農業技術普及課	新庄市金沢字大道上 2034 TEL 0233-22-1111（代表）	最上地域の在来作物全般に関する情報
置賜	置賜総合支庁 農業技術普及課	高畠町大字福沢字鎌塚台 160 TEL 0238-57-3411	置賜地域の在来作物全般に関する情報
	置賜総合支庁 西置賜農業技術普及課	長井市高野町 2-3-1 TEL 0238-88-8212	西置賜地域の在来作物全般に関する情報
	ＪＡ山形おきたま 生産販売部	高畠町福沢 282-2 TEL 0238-57-4793	置賜地域の在来作物情報
	ＪＡ山形おきたま 米沢支店	米沢市金池 3-1-55 TEL 0238-22-7100	雪菜に関する情報など
	川西町役場産業振興課	川西町大字上小松 1567 TEL 0238-42-6696 http://lavo.jp/noside/	紅大豆、高豆蒄ウリなどに関する情報
庄内	庄内総合支庁 農業技術普及課	鶴岡市藤島字山ノ前 51 TEL 0235-64-2103	庄内地域の在来作物全般に関する情報
	庄内総合支庁 酒田農業技術普及課	酒田市若浜町 1-40 TEL 0234-22-6521	庄内地域の在来作物全般に関する情報
	鶴岡市温海庁舎産業課	鶴岡市温海戊 577-1 TEL 0235-43-2111	温海カブ、早田ウリ、早田孟宗に関する情報
	JA 鶴岡販売課	鶴岡市覚岸寺字水上 190 TEL 0235-29-2828	だだちゃ豆、民田ナス、田川カブ、小真木ダイコン、湯田川孟宗などに関する情報
	ＪＡ庄内たがわ 品質管理販売課	鶴岡市上藤島字備中下 3-1 TEL 0235-64-4972	茶豆、温海カブ、カラトリイモ（サトイモ）など庄内の在来作物に関する情報
	JA あまるめ	庄内町余目字滑石 53-13 TEL 0234-42-2770	黒神（青きな粉）などに関する情報

山形在来作物研究会について

山形県の在来作物について研究をされた、青葉 高先生（故人）の名著「北国の野菜風土誌」（一九七六年、東北出版企画）によれば、約三十年前の山形県内には、在来野菜だけ見ても七十種類以上の品種・系統が存在していたことが記されています。しかし現在では、栽培者の高齢化や大規模に栽培される商業品種の導入によって、在来作物の多くが消滅の危機に瀕《ひん》しています。こうした状況を憂い、「生きた文化財」である山形県内の在来作物の記録と保存を行い、合わせて在来作物の啓蒙と利用の実践を目的として、平成十五（二〇〇三）年五月に、山形大学農学部の教員が中心となって、「山形在来作物研究会」設立準備委員会が発足しました。この設立準備委員会において、会の規則や設立記念シンポジウム、機関誌の発刊などが話し合われ、同年十一月三十日に山形大学農学部先端教育研究棟において山形在来作物研究会（在作研）発足記念公開シンポジウム「在来作物は生きた宝物」が開催されました。この発足記念公開シンポジウムには、山形県内外から二一七名の方々に参加して頂きました。その後は、毎年一回、各方面から在来作物に詳しい方々を講師やパネリストにお招きし、公開シンポジウムや公開フォーラムなどを開催するとともに、山形在来作物研究会誌（SEED）を発刊しています。こうした努力のかいもあり、平成十八（二〇〇六）年十月の時点で、会員数三六二名を数える会に成長しました。現在、会員の多くは山形県内在住の方々ですが、県外在住の会員の方も増えてきています。

また、平成十七（二〇〇五）年四月から、山形新聞に「やまがた在来作物」を連載していますし、同年十月には、念願であった在来作物研究会（Yamagata Forum for the Indigenous Crops）のホームページ（http://zaisakuken.jp/）を立ち上げ、山形在来作物研究会の活動を日本全国に向けて発信しています。さらに、平成十八（二〇〇六）年からは会員向けにニューズレターを発行し、在来作物に関するイベントやホットな情報をお知らせしています。

「山形在来作物研究会」は、いわゆる学術研究を中心とした研究者の集まりとは違います。研究会設立の目的は、「在来作物の存在と意義を見つめ直し、それらに新しい光を当てることを通して、地域文化の再発掘や安全で豊かな食生活の提言、さらには、地域の資源を生かした食品関連産業のより一層の活性化に貢献する（山形在来作物研究会設立の趣旨より）」ことです。こうした目的から、公開シンポジウムや公開フォーラムでは、大学や高等学校の先生だけでなく、作家や料理研究家といった、在来作物に関心のある様々な分野の人達にも講演をお願いしています。さらに、在来作物や地域の食文化に関心のある団体との交流も積極的に行うことにより、日本全国に広がる在来作物のネットワーク作りにも励んでいます。

山形在来作物研究会のこれまでの活動内容

年　月	主な活動内容
平成15年（2003）4月	山形大学農学部内外で研究会設立の気運が高まる。
5月8日	「山形在来作物研究会（仮称）」設立準備会が発足する。
7月2日	研究会の名称を「山形在来作物研究会（略称／在作研）」と定め、研究会組織の設立及びシンポジウム開催の準備を始める。
10月2日	公開シンポジウム及び入会案内のチラシ・ポスターが完成する。
11月7日	準備会のメンバーとして、山形大学農学部内から、赤澤經也、江頭宏昌、小笠原宣好、萱場猛夫、平　智、高樹英明、西沢　隆（あいうえお順）の7名を選定する。
11月30日	研究会を発足し、発足記念公開シンポジウム「在来作物は生きた宝物」（主催／山形在来作物研究会、山形大学農学部、後援／山形県庄内総合支庁、鶴岡市、JA全農庄内、JA鶴岡たがわ、荘内日報）を開催する。 記念講演1「信州の在来野菜とそれらの特性評価」（信州大学農学部　大井美知男） 記念講演2「山形県の在来作物研究　―歴史と展望―」（山形大学農学部　高樹英明）

年　月	主な活動内容
	山形在来作物研究会誌（SEED）創刊号を発刊する。  発足記念シンポジウムポスター 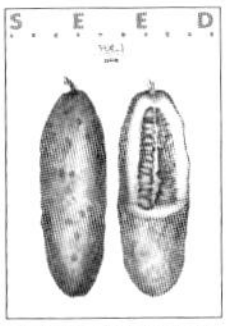 SEED 創刊号表紙
平成16年（2004）12月4日	公開シンポジウム「在来野菜たちは今　―その現状と可能性を探る―」（主催／山形在来作物研究会、山形大学農学部、藤島町伝統野菜探索研究会、後援／山形県庄内総合支庁、鶴岡市、JA全農庄内、JA鶴岡、JA庄内たがわ、荘内日報、メディアE.A）を開催する。 基調講演「東北地方における在来種ダイコンの利用と教育力」（宮城県上沼高等学校　佐々木壽） パネルディスカッション「在来野菜を守ってきた人たちの声を聞こう」（鶴岡市　後藤勝利、長井市　遠藤孝太郎、米沢市　吉田昭市） SEED 第2号を発刊する。  公開シンポジウムポスター 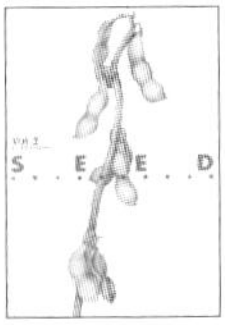 SEED 第2号表紙

年　月	主な活動内容
平成17年（2005）4月28日	山形新聞に「やまがた在来作物」の連載を開始する。
10月14日	在来作物研究会ホームページ（Yamagata Forum for the Indigenous Crops）を立ち上げる。URL は http://zaisakuken.jp/
11月20日	公開トークショー「食べなきゃ庄内！」（主催／山形在来作物研究会、山形大学農学部、後援／山形県庄内総合支庁、鶴岡市、ＪＡ全農庄内、ＪＡ鶴岡、山形新聞、荘内日報）を開催する。 食前トーク「食材としての在来作物　―その魅力と底力―」（東京第一ホテル鶴岡　古庄　浩、山形大学農学部　山﨑彩香・島村景子） 食後トーク「在来作物の食しかた　―伝統と創作の世界―」（山形県庄内総合支庁農業技術課産地研究室　大野　博、イタリアン・レストラン「アル・ケッチァーノ」　奥田政行、料理研究家　漆山慶子） SEED 第3号を発刊する。  公開トークショーポスター  SEED 第3号表紙
平成18年（2006）10月	Newsletter 第1号を発行する。

年　月	主な活動内容
	 Newsletter 第1号 
11月11日	公開フォーラム「在来作物とスローフードはいい関係」（主催／山形在来作物研究会、山形県、後援／山形スローフード協会、おいしい山形の食と文化を考える会、山形大学農学部、ＪＡ全農山形、ＪＡ全農庄内、おいしい山形推進機構、山形県食品産業協議会、やまがた食産業クラスター協議会、山形新聞、荘内日報）を開催する。 基調講演「在来作物とスローフードな日本」（スローフードジャパン「味の箱船」担当・ノンフィクション作家　島村菜津） 座談会「私の在来作物づくりとライフスタイル」（阿部農園　阿部敬子、ＪＡ新庄産地直売推進協議会　高橋シン、上長井雪菜生産組合　情野幸子、ＪＡ庄内たがわ添津　斎藤鉄子） SEED 第4号を発刊する。  公開フォーラムポスター  SEED 第4号表紙
平成19年（2007）8月	「どこかの畑の片すみで―在来作物はやまがたの文化財―」山形在来作物研究会編を山形大学出版会より発刊する。

索引

執筆者略歴（あいうえお順）

赤澤經也（*Akazawa Tsuneya*）
山形大学農学部准教授。山形在来作物研究会幹事。

伊藤政憲（*Ito Masanori*）
山形県庄内総合支庁農業技術普及課産地研究室
開発研究専門員。

江頭宏昌（*Egashira Hiroaki*）
山形大学農学部准教授。山形在来作物研究会幹事。
p8 〜 p21 を執筆。

小笠原宣好（*Ogasawara Nobuyoshi*）
山形大学農学部准教授。山形在来作物研究会幹事。

奥田政行（*Okuda Masayuki*）
イタリアンレストラン「アル・ケッチァーノ」
オーナーシェフ。「食の都庄内」親善大使。

鈴木　洋（*Suzuki Hiroshi*）
元山形大学農学部助教授。人間・植物関係学会会員。

平　智（*Taira Satoshi*）
山形大学農学部教授。山形在来作物研究会幹事。
p22 〜 p32 を執筆。

高樹英明（*Takagi Hideaki*）
山形大学農学部教授。園芸学会東北支部長。
山形在来作物研究会会長。

西沢　隆（*Nishizawa Takashi*）
山形大学農学部教授。山形在来作物研究会幹事。
p162 〜 p164 を執筆。

早坂　稔（*Hayasaka Minoru*）
山形県料理飲食業生活衛生同業組合相談役。
おいしい山形の食と文化を考える会会長。

古庄　浩（*Furusyo Hiroshi*）
フレンチレストラン「アリス・イン・高松」
統括総支配人。「食の都庄内」親善大使。

古田久子（*Furuta Hisako*）
山形中央クッキングスクール校長。食文化・料理研究家。
NPO日本食育インストラクターエグゼクティブ。

村山秀樹（*Murayama Hideki*）
山形大学農学部准教授。山形在来作物研究会幹事。

編者

山形在来作物研究会（略称：在作研）

2003 年の秋に設立された広く地域に開かれた研究会。在来作物に興味がある人なら誰でも入会できる。
現在年一回の公開行事と会誌「ＳＥＥＤ」の発行を行っている。
http://zaisakuken.jp/

編 集 後 記

本書を編集するにあたって、じつに多くの方々にお世話になりました。

まず、深い愛情のもとに貴重な在来作物を長年にわたって栽培してこられ、私たちのたびたびの訪問にも快く応対してくださった生産者の方々。

調査や取材に際して、関連情報の提供といろいろなご配慮をいただいた山形県と鶴岡市をはじめとする県内各市町村の農林水産関連部門の関係者のみなさん。

「やまがた在来作物」の連載を企画・提案してくださった鈴木雅史さんをはじめとする山形新聞社の関係者各位。

さらに、本書の出版を強力にサポートしてくださった山形大学の仙道富士郎学長ならびに山形大学出版会のスタッフのみなさん。

なお、本書の編集やデザインにあたっては、株式会社ウイングエイトの原　博さんや渡部真紀さん、藤庄印刷株式会社の海保圭さんのおしみないご尽力をいただきました。

みなさんに心よりお礼申しあげます。

編集幹事：江頭宏昌・平　智

どこかの畑の片すみで

——在来作物はやまがたの文化財——

2007年８月20日　初版　第１刷発行
2007年11月20日　初版　第２刷発行
2012年２月28日　初版　第３刷発行

著　者　山形在来作物研究会／編

発行者　結城　章夫

発行所　山形大学出版会
〒990-8560　山形県山形市小白川町1-4-12
電話 023-677-1182

印　刷　藤庄印刷株式会社
〒999-3104　山形県上山市蔵王の森７
電話 023-677-1119

Printed in Japan
ISBN978-4-903966-02-1